PETITE BIBLIOTHÈQUE SCIENTIFIQUE
A 2 FR. LE VOLUME

LA VIGNE ET LE VIN

DANS

LE MIDI DE LA FRANCE

PAR

ANTOINE DE SAPORTA

Avec figures intercalées dans le texte

PARIS
LIBRAIRIE J.-B. BAILLIÈRE ET FILS
RUE HAUTEFEUILLE, 19, PRÈS DU BOULEVARD SAINT-GERMAIN

1894

PETITE BIBLIOTHÈQUE SCIENTIFIQUE

LA VIGNE ET LE VIN

DU MÊME AUTEUR

La Chimie des vins. Les vins naturels, les vins manipulés et falsifiés. 1889, 1 vol. in-16 . . . . 2 fr.

Les Théories et les notations de la chimie moderne. 1 vol. in-16 . . . . 3 fr. 50

LIBRAIRIE J.-B. BAILLIÈRE ET FILS

Tours. Imp. E. Arrault et Cie, 6, rue de la Préfecture.

LA VIGNE ET LE VIN

DANS

LE MIDI DE LA FRANCE

PAR

ANTOINE DE SAPORTA

Avec figures intercalées dans le texte

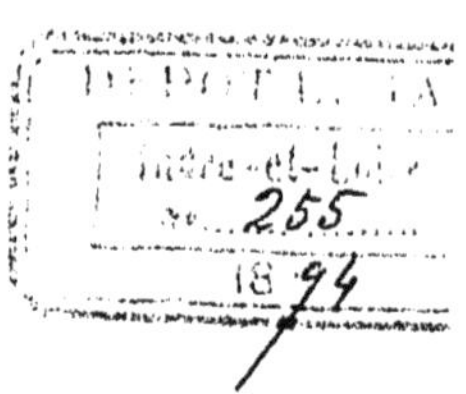

PARIS
LIBRAIRIE J.-B. BAILLIÈRE ET FILS
RUE HAUTEFEUILLE, 19, PRÈS DU BOULEVARD SAINT-GERMAIN

1894

LA VIGNE ET LE VIN

DANS LE MIDI DE LA FRANCE

PREMIÈRE PARTIE

LA VIGNE

La culture de la vigne en France, sauf les exceptions qu'entraînent diverses causes, et en premier lieu l'influence de l'altitude, est bornée au nord par une ligne sinueuse, oblique par rapport au méridien, qui, partant à peu près de l'embouchure de la Loire, passe au sud du Mans, au nord de Paris et aboutit au point où la Meuse quitte la France pour couler en Belgique. Mais cette même culture est loin d'être distribuée d'une manière uniforme au midi de la limite septentrionale; elle se développe, au contraire, d'une façon très inégale et très irrégulière. Sur une carte où l'on figurerait l'étendue des surfaces vinicoles par un signe conventionnel quelconque, on constaterait que la grande extension de la vigne se concentre autour de deux noyaux jouant le rôle du double foyer d'une ellipse, si l'on veut bien admettre cette assimilation géométrique.

L'une de ces régions est formée par le département de la Gironde, auquel on peut rattacher l'Armagnac et, dans une certaine mesure, les Charentes, dont les vignobles ne sont malheureusement pas encore en bonne voie de reconstitution. Nous nous garderons bien, de peur d'offenser les Bourguignons, d'affirmer que les crus du Bordelais produisent les meilleurs vins de la France; mais, s'il est difficile de décerner un premier prix en ce qui concerne la qualité, il ne faut pas oublier qu'en 1888 le département de la Gironde a été celui qui, dans la France entière, a produit le plus grand nombre d'hectolitres de vins, après celui de l'Hérault.

Bien que les plantiers ne soient pas rares dans le reste de la Guyenne, dans la Gascogne et le haut Languedoc, ces provinces ne sauraient être comparées au Bordelais, ni sous le rapport de la qualité des produits, ni à l'égard de leur quantité. Mais le voyageur qui accomplit le trajet de Bordeaux à Cette est frappé par la transformation qui se déroule sous ses yeux à la hauteur de Carcassonne. En même temps que le ciel s'éclaircit et que les premiers oliviers, d'abord chétifs et dispersés, font leur apparition, les vignobles se multiplient à perte de vue dans la riche plaine de l'Aude, éliminant les autres cultures. La locomotive a déjà franchi Narbonne, Coursan, puis Béziers et Agde, et le spectacle ne varie plus, peu différent, somme toute, de ce qu'il était il y vingt ans. A partir du moment où les wagons roulent entre la mer et l'étang de Thau, le long des solitudes de l'isthme des Onglous, notre voyageur, que nous supposons revoir le pays à la suite d'une longue absence, sera tout étonné de découvrir de jolis vignobles, admirablement bien tenus, prospérant dans les sables du bord de la mer, autrefois réputés infertiles. S'il prolonge sa route vers Montpellier et Arles, sur la ligne Paris-Lyon-Méditerranée, il reverra encore de nombreux et riches vignobles jusqu'aux rives du grand Rhône. Au delà de ce fleuve, les céréales et les cultures fourragères prendront le dessus et, graduellement, remplaceront les vignes (1). Celles-ci, quoique très répandues et bien soignées, ne sont pas aussi

(1) Voy. Sauvaigo, *les Cultures sur le littoral de la Méditerranée* (Paris, 1894, Bibliothèque des Connaissances utiles).

resserrées aux approches de Nîmes qu'aux alentours de Montpellier. On s'aperçoit que le travail de reconstitution, plus tardif, plus incomplet, a été entrepris sur une moindre échelle. Cette assertion perd, il est vrai, chaque jour, de sa valeur; encore moins préjuge-t-elle de l'avenir, qui, espérons-le, réserve de belles vendanges aux riverains de la Durance, du Rhône moyen ou de l'Argens, toutes régions aptes à la production extensive du vin.

Le second des deux *foyers* auxquels nous avons fait allusion occupe ainsi les plaines du bas Languedoc, des Corbières à la Camargue. Tout le long de la voie ferrée, on remarque des millions de souches alignées en carré, on contemple des vignobles purgés d'herbes comme les allées d'un parc, labourés et piochés sans trêve ni repos; on s'étonne du développement énorme que présentent les gares de marchandises des villages les plus médiocres, mais on voit mal le côté le plus intéressant. Sauf dans le voisinage de Cette, les trains circulent à travers une zone où dominent la petite et la moyenne culture, curieuses à examiner, sans doute, mais moins originales que les grandes exploitations agricoles, véritables « usines à vin » et non « fermes », dont nous voulons parler et qui sont spéciales au pays. Nos exposés ne s'appliqueront, d'ailleurs, qu'à un terroir restreint, et nous exclurons tout ce qui concerne la région qui s'étend de Béziers à Perpignan.

I

L'EXPLOITATION DES VIGNOBLES LANGUEDOCIENS. — LA RÉGION DES GRANDS DOMAINES. — LE PHYLLOXERA DANS L'HÉRAULT.

Régime d'exploitation des propriétés du bas Languedoc. — Conformément à une très ancienne habitude qui, loin de se perdre, tend plutôt à se propager dans les alentours de la région où elle est en usage, le propriétaire bas-languedocien exploite lui-même ses terres à ses risques et périls, supportant les pertes et recueillant les bénéfices. Les possesseurs qui, pour une raison ou une autre, ne veulent ou ne peuvent pas diriger personnellement les travaux agricoles, ont recours à un intermédiaire qu'on nomme, suivant les localités, *baile* (1), *paire* (2) ou *ramonet* (3). Ses fonctions rappellent beaucoup celles du granger, du bordier ou du « maître valet » de certaines provinces de la France. Le *paire* travaille de ses mains, sans doute ; mais son rôle essentiel, analogue à l'emploi de sous-officier dans l'armée, consiste surtout à diriger les travaux et à fixer leur tâche aux valets et journaliers placés sous ses ordres, tout en surveillant l'exécution de ses commandements. Absolument désintéressé pécuniairement de l'exploitation à laquelle il est attaché, il reçoit des gages fixes, accompagnés de dons en nature ou en argent, réglés selon l'importance momentanée du personnel, lui-même comptant comme un domestique.

D'habitude, le propriétaire fournit directement le blé, le vin, l'huile, à son *paire*, qui n'a plus besoin que de se procurer de la viande et des légumes pour son usage et celui de son monde. Les légumes vien-

(1) Expression patoise répondant au terme français de *bailli* et employé à Arles, à Beaucaire, à Nîmes. Dans la zone de Montpellier, on appelle souvent *baile* le chef d'une troupe de travailleurs à la journée.

(2) Mot signifiant *père* (de famille).

(3) Nous ignorons l'étymologie de ce terme, qui n'est pas plus français que les deux précédents.

nent d'un petit potager que l'homme cultive lui-même ou fait entretenir, à moments perdus, par les travailleurs ou domestiques. Quant à la dépense relative à la viande, elle est couverte par une indemnité trimestrielle représentative, toujours proportionnelle au nombre de bouches à nourrir, et qu'on appelle « pitance ».

La *maire* a droit elle-même à une allocation en blé et en huile, environ moitié moindre que celle attribuée à un homme. Elle ne touche rien en fait de pitance ; de même, elle est censée ne boire que de l'eau. En revanche, le propriétaire l'autorise presque toujours à élever à ses risques et périls des volailles, des porcs, des pigeons, ou la charge, moyennant rémunération, du soin de sa propre basse-cour. Enfin, la note trimestrielle est souvent grossie de quelques francs destinés à payer le sel de cuisine consommé à la ferme (1) ou à solder l'entretien de la vaisselle. Un dernier renseignement pratique : le pain que mange

(1) Quoiqu'il n'existe point de fermier dans le bas Languedoc, on appelle souvent « ferme » l'ensemble des locaux où se trouvent le logement du personnel à demeure et les écuries. L'expression patoise est « mas » ; elle s'emploie beaucoup dans le langage courant. A Cette et à Béziers, on se sert volontiers du terme de « ramonetage ».

le personnel est toujours pétri sur place et cuit dans le four de l'exploitation agricole. Il est rare qu'on le fasse préparer au dehors.

Indépendante de tous les fléaux et déboires qui assaillent trop fréquemment les propriétaires, fermiers ou métayers, la situation des *paires* est, en somme, fort enviable. On pourrait croire que l'homme payé sur un taux fixe, quels que soient ses succès agricoles ou ses déboires, serait disposé à ne pas agir beaucoup et à s'endormir dans l'inaction. Il n'en est rien. Les *paires* sont ordinairement jaloux de la propriété qu'ils dirigent, souvent même plus que leurs patrons ; ils tiennent à montrer à leurs collègues et voisins des vignes bien cultivées, des bêtes bien nourries, un matériel en bon état. Ils se piquent d'amour-propre, et l'un des principaux défauts qu'on leur reproche, comme un vice inhérent à l'institution même, est de trop pousser à la dépense et de ne pas ménager les ressources dont ils disposent. Les plus travailleurs, les plus intelligents sont presque toujours les plus enclins à la profusion. Ils secondent à merveille, cependant, un propriétaire dont la main suffisamment ferme les arrête sur la pente des dépenses superflues.

Quant aux abus, quant aux détournements même, il serait puéril de nier qu'il puisse s'en produire, et assez fréquemment ; mais ailleurs, comment oser se flatter de les éviter en confiant ses terres à un fermier ou à un métayer ?

En tout cas, on voit souvent plusieurs générations de *paires* se succéder sur le même domaine, de père en fils ou de beau-père en gendre, et, de plus, une excellente coutume locale, déterminée par les circonstances, veut que le *paire* soit, autant que possible, un enfant du pays, élevé dans le voisinage. Cet usage contraste d'une façon absolue avec les habitudes imposées par la nécessité lorsqu'il s'agit du recrutement des autres domestiques.

Lorsqu'une propriété offre beaucoup d'importance ou que son possesseur ne séjourne pas à proximité, ou enfin lorsque d'un même maître dépendent plusieurs exploitations voisines, mais distinctes, le régisseur ou l'homme d'affaires vient s'interposer entre le *paire* et son maître, comme un intermédiaire souvent indispensable, toujours coûteux. Mais ce mode de gestion, qui s'applique, d'ailleurs, bien entendu, à la généralité des domaines dont nous parlerons plus loin, n'offrant rien de particulier, sauf l'importance des frais à régler et des recettes à percevoir, nous n'insisterons pas davantage.

La région des grands domaines avant le phylloxera. L'invasion.— Bien avant que l'invasion du phylloxera ne vînt bouleverser les conditions économiques de la culture du sol dans l'Hérault, le terroir où nous allons introduire nos lecteurs avait eu son heure de célébrité.

Vers 1860, une voie ferrée de premier ordre, prolongeant jusqu'à Marseille la ligne déjà construite de Bordeaux à Cette, fut projetée; elle trouverait aujourd'hui de quoi alimenter largement son trafic local, car elle desservirait la zone où se pressent, à l'heure actuelle, les plus importantes exploitations agricoles du Sud-Est. Ces immenses vignobles ont été fondés dans le cours de la lutte contre le phylloxera, à cause des avantages particuliers que présentaient, pour l'agriculture intensive, les marais et les sables, et aussi parce que la crise a provoqué d'assez notables changements dans l'économie rurale des terroirs où les nouvelles souches ont simplement remplacé les anciens pieds détruits.

Antérieurement à l'invasion, la vigne prospérait dans le département de l'Hérault sur une étendue à peu près égale au tiers de la superficie du territoire (210,000 hectares sur 670,000). Il va sans dire que les vignobles se distribuaient assez inégalement les plaines, les coteaux et les Cévennes, et même un seul canton, celui de la Salvetat-sur-Agout, faisant partie de l'arrondissement de Saint-Pons et du bassin du Tarn, ne produisait pas de vin à raison de l'âpreté de son climat. Vers 1870, le phylloxera fit son apparition dans la commune de Lunel-Viel, à 3 kilomètres de Lunel, près de la limite orientale de l'arrondissement de Montpellier (1). Il travailla si bien que, des 210,000 hectares mentionnés plus haut, la moitié avait disparu en 1878.

LE PHYLLOXERA. — Il serait superflu de nous étendre sur l'évolution de ce puceron (2). Son œuf est jaune pas-

(1) On sait que ce terrible fléau fut observé tout d'abord vers 1866 sur deux points différents : 1° à Pujaut, près Roquemaure (Gard) ; 2° à Saint-Martin-de-Crau, dans la banlieue est de la commune d'Arles (Bouches-du-Rhône).

(2) Voy. Max. Cornu, *Etudes sur le Phylloxera vastatrix*, Paris, 1878. — E. Dussuc, *les Ennemis de la vigne* (Bibliotèque des Connaissances utiles, 1894).

sant au verdâtre; un pédicelle le fixe à son point d'attache; c'est ce qu'on appelle l'œuf d'hiver; chaque famille en pond un seul. De cet œuf toujours pondu sur le bois, jamais sur les feuilles, naît un petit être long de 0mm,25, atteignant plus tard 0mm,45, aptère, jaune clair.

Parmi ces nouveau-nés, les uns atteignent immédiatement les racines, d'autres se cantonnent sur les feuilles et y produisent les galles que montre la figure 1. Ces galles, particulières au Midi et affectant surtout les vignes américaines, ne semblent pas porter grand préjudice à la vigne. Il en est tout autrement des racines. Les piqûres de l'insecte produisent sur les radicelles des renflements représentés par la figure 2. Ces radicelles se tuméfient, pourrissent, et bientôt la vigne, épuisée, privée de nourriture, meurt.

Les phylloxeras aptères, qu'ils vivent sur les feuilles ou sur les racines, sont tous des femelles qui jouissent de la singulière faculté de se reproduire sans le secours du mâle; c'est le phénomène connu sous le nom de *parthénogénèse*. Chacune d'elles pond tous les jours de dix à treize œufs ou plutôt de dix à treize gemmations, suivant l'expression de Lichtenstein. Au bout

Fig. 1. — *Feuilles de vignes phylloxerées couvertes de galles.*

a, galles sur les feuilles; *b*, vrilles tuméfiées; *c*, tige tuméfiée.

de fort peu de temps, quatre à huit jours dans la belle saison, ces gemmations donnent naissance à des femelles pondeuses qui, après trois mues effectuées en

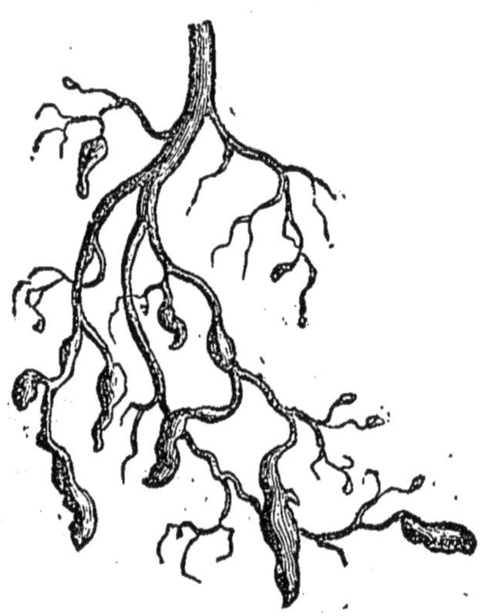

Fig. 2. — *Radicelles phylloxerées.*

douze ou quinze jours, se mettent à pondre, toujours sans le secours du mâle qui n'existe pas encore. Cette reproduction parthogénésique se continue jusqu'à produire pendant une saison de un à trente millions d'individus provenant d'une souche unique, l'œuf d'hiver.

Un grand nombre de femelles périssent après la ponte qui suit la troisième mue. D'autres en subissent une quatrième. Elles prennent alors une forme allongée, des rudiments d'ailes apparaissent ; on est en présence d'une nymphe agile, qui remonte le long des ceps. A la suite d'une deuxième transformation apparaît l'adulte.

C'est un insecte jaunâtre avec quatre ailes membraneuses et transparentes, dont les antérieures sont plus longues que les postérieures. Son suçoir est plus court que celui de l'insecte aptère.

Tous les phylloxeras ailés sont des femelles.

Si l'œuf d'hiver est l'origine du cycle biologique et fournit les éléments de la multiplication, la femelle ailée est l'agent de l'envahissement ; c'est par elle que le fléau s'étend de proche en proche. Soit volontairement, soit emportés par le vent, des essaims de ces femelles abandonnent leur lieu d'origine et se dispersent dans des vignobles souvent éloignés.

La femelle ailée se reproduit par parthénogénèse, comme les individus aptères, mais les gemmations jaunes qui proviennent de cette souche sont de deux sortes ; les unes ont $0^{mm},40$ de long sur $0^{mm},20$ de large, les autres $0^{mm},26$ de long sur $0^{mm},13$ de large. Des premières sortent des femelles ; les secondes donnent naissance à des mâles. Sous cet état le phylloxera n'est nuisible que comme reproducteur; les sexués ne mangent pas. Ils sont de couleur jaune clair, longs de 0mm,38, larges de 0mm,15. C'est de l'accouplement de ces petits êtres que résulte l'œuf d'hiver. Cet œuf unique remplit presque entièrement l'abdomen de la femelle et on l'y voit par transparence. Il est toujours pondu sur le bois, généralement sous de minces lames d'écorces exfoliées.

La marche du phylloxera, qui foudroya, durant les années 1868 et 1869, tant de vignobles provençaux et comtadins, sembla se ralentir à la suite du rude hiver de 1870, et un instant on put espérer que le mal ne s'étendrait pas outre mesure en dehors des foyers déjà ravagés. Les plantiers de Béziers, Capestang et ceux de la circonscription de Saint-Pons n'éprouvèrent de dommages sérieux qu'à partir de 1878. Déjà, à cette époque, le premier remède certain et efficace qu'on eût signalé combattait avec succès l'insecte sur ces mêmes bords du Rhône qui avaient été témoins des désastres les plus anciens. M. Faucon, propriétaire au Mas de Fabre, près Tarascon, annonça, en effet, dans le courant de l'année 1869, qu'il était parvenu à sauver son vignoble en le soumettant à une submersion hivernale bien conduite.

II

LES SUBMERSIONS DE MARSILLARGUES

DESTRUCTION DU PHYLLOXERA PAR L'INONDATION. — Joignant le précepte à l'exemple, M. Faucon lui-même, à la suite de quelques essais, formula la règle à observer pour obtenir de bons résultats au moyen de l'inondation. Quel but faut-il atteindre? Noyer le puceron, ou, pour parler plus scientifiquement, l'asphyxier par défaut d'air. Il faut donc opérer avec de l'eau aussi peu saturée d'air que possible et se méfier des pentes qui favorisent l'absorption du gaz par le liquide.

Le traitement pourrait, à la rigueur, être pratiqué durant l'été ou le printemps. Mais alors le vigneron risquerait de porter un coup funeste à la plante, en arrêtant la végétation, outre qu'il ne pourrait plus cultiver le sol à l'époque favorable. Bien pis, avec certains cépages rampants comme l'Aramon, les raisins eux-mêmes tremperaient dans l'eau. Enfin, pendant les chaleurs, les canaux d'irrigation ne débitent plus qu'un cubage restreint, alors qu'en hiver ils coulent à pleins bords.

Il convient donc de s'y prendre en hiver ou du moins en automne, à la suite des vendanges, et après que les sarments ont fini de s'aoûter. Le plan d'eau doit dominer le niveau du sol de 2 décimètres au moins et il y a tout avantage à distribuer plus généreusement le liquide de façon à mouiller les couronnes elles-mêmes des souches. L'eau doit être amenée d'une façon continue, soit par des canaux, soit à l'aide d'instruments élévatoires. Le vignoble est divisé en carrés autour desquels on contruit de petites digues en terre qu'on peut rendre plus étanches en les gazonnant. Lorsque la canalisation est impraticable, l'eau est amenée à l'aide de pompes. La figure 3 montre l'installation d'un de ces appareils avec son moteur à vapeur. Cette disposition, qui entraîne une dépense de 60 ou 80 francs par hectare, cesse d'être pratiquée si l'élévation à obtenir dépasse 5 mètres.

L'insecte ayant la vie fort dure, il ne faut pas hésiter à prolonger la submersion. En abrégeant celle-ci, on

Fig. 3. — *Vignes inondées.*

risquerait de réaliser une expérience des plus dangereuses, et le dommage, une fois produit par cette économie mal entendue, serait aussi coûteux à guérir que difficile à réparer. Le minimum indiqué est de quarante jours, durant lesquels l'eau ne doit par descendre au-dessous de la hauteur que nous avons fixée tout à l'heure. Réciproquement, en noyant les vignes trop longtemps (cinquante jours par exemple) et dans une saison trop tardive, le sol, au moins dans certaines années froides, se dessécherait malaisément, et les premières cultures pourraient en souffrir.

Le propriétaire qui, disposant d'un volume d'eau suffisant, désire planter dans des terrains submersibles doit s'efforcer de diviser le sol en quartiers ou bassins artificiels limités par des levées de terre. La superficie d'un quartier doit être plate pour que l'inondation puisse se régler; sinon, les parties basses auraient trop d'eau, ce qui serait sans inconvénient, sauf les chances de rupture des digues, mais les parties hautes resteraient à découvert, ce qu'il faut éviter à tout prix. Il convient que le sol, sans être étanche, présente une perméabilité suffisante. Un terrain trop léger laisse filtrer les eaux à mesure qu'elles se répandent; un terrain présentant le défaut contraire se dessèche imparfaitement, surtout lorsque l'hiver, sur sa fin, est pluvieux.

Visitons en hiver, au mois de février, l'une des nombreuses exploitations viticoles qui s'étendent au sud de la petite ville de Marsillargues, dans la plaine d'alluvions du Vidourle, à l'extrême limite orientale du département de l'Hérault. Nous avons sous les yeux une sorte de damier dont chaque case figure une nappe d'eau rectangulaire bornée par des chaussées dont le réseau sert de voies de communication. Les cases de damier occupent des étendues assez inégales, suivant les convenances particulières de chaque domaine ; quelques-unes se restreignent à un petit nombre d'hectares; d'autres, organisées dans des situations plus favorables, couvrent jusqu'à 70 hectares d'un seul tenant. Ce sont de vrais lacs dont les petites vagues, les jours où le mistral souffle, clapotent avec bruit contre la jetée. On garantit les talus au moyen de litières de sarment juxtaposé. Pour que le résultat obtenu soit jugé satisfaisant, il ne faut pas qu'une seule cime d'herbe apparaisse au-dessus de l'eau; seules les couronnes des souches ont le droit d'émerger.

Les vignes inondées ne pouvant être cultivées que dans des terrains perméables, la submersion constitue un vrai travail des Danaïdes : à peine l'eau a-t-elle envahi les plantiers à saturation que déjà l'humidité filtre à travers les pores du sol. En moyenne, la déperdition s'élève à un centimètre par jour. Aussi est-on obligé d'y remédier sans cesse.

Actuellement, dans le cours de chaque hiver, 47 machines élévatoires installées à demeure dans la basse vallée du Vidourle, entre Sommières et la mer, travaillent durant les quarante jours que la routine raisonnée a fixés comme durée de ce déluge artificiel. Rouets et pompes centrifuges puisent, dans les eaux dérivées du petit fleuve, 9, 12 et jusqu'à 24 mètres cubes à la minute par machine et injectent ces flots bienfaisants sur les vignes envahies par l'insecte. Au début de la période, on entretient le feu jour et nuit; nuit et jour, deux mécaniciens, se relayant tour à tour auprès de chaque appareil, veillent au fonctionnement continu (1). Au bout de dix jours, les pompes ont refoulé sur l'espace qu'elles doivent submerger (cette

(1) Le propriétaire loge et nourrit les mécaniciens et leur donne en outre 4 francs par jour.

étendue, variable suivant la capacité de la pompe, n'est guère inférieure à 30 hectares) une couche liquide d'épaisseur convenable. Il est désormais permis de respirer un peu, et jusqu'à la fin du travail la vapeur ne fonctionne que de cinq heures du matin à quatre heures du soir et simplement en vue d'empêcher le niveau de submersion de baisser ; heureux quand de bonnes averses viennent épargner cette dépense d'entretien. Si ailleurs « pluie en février, c'est du fumier », à Marsillargues, la pluie est du charbon. Un homme, généralement un travailleur attaché à l'exploitation, surveille spécialement les progrès ou le recul de l'inondation. Quelquefois enfin le Vidourle, en débordant, submerge sans l'aide des machines ; mais une pareille aubaine est chose rare.

Finalement, le bain ayant été jugé suffisant, les pompes s'arrêtent, l'eau baisse par degrés, et le sol se montre de nouveau. On commence par le travailler avec la herse ou le griffon : ce grattage superficiel favorise la dessiccation et empêche la charrue de soulever de trop grosses mottes lors de son passage subséquent. Jusqu'au milieu de l'été, les « façons » se succèdent sans relâche, tantôt exécutées à la charrue, comme nous venons de le dire, tantôt réalisées simplement par l'outil du travailleur.

Arrive le début de juillet : à cette époque, les vignes rapprochées de $1^{m},50$ dans un sens et de 2 mètres suivant la direction perpendiculaire (1), projettent des sarments si vigoureux que les mules ou chevaux ne peuvent plus pénétrer dans ce fouillis de pampres sans risquer de produire de grands dégâts. On dit alors que les plantiers « se ferment ». Le vignoble, à partir de cette date jusqu'aux vendanges, est travaillé « à la main » et raclé avec toute la minutie désirable. Le travail ne chôme guère, car sur ces riches terres d'alluvion, les mauvaises herbes, même au cœur de l'été, croissent avec une facilité déplorable.

Pratiquée avec des eaux par trop pures et claires, l'inondation aurait pour effet de laver le sol en lui dérobant, sans compensation, tous ses principes actifs. On n'ignore pas qu'au contraire les flots limoneux de la Garonne, loin d'appauvrir les terres des vignobles

(1) Organisés à 1 mètre sur 2, les plantiers des sables d'Aiguesmortes contiennent plus de pieds de vigne par hectare. On dispose, à Montpellier, les souches suivant un damier dont le côté équivaut à $1^{m},50$ ou $1^{m},60$; l'hectare renferme alors 4,000 pieds en moyenne.

submergés près de Bordeaux, déposent chaque hiver une couche alluviale dont l'effet est très utile. D'une nature intermédiaire entre les deux types extrêmes, les eaux du Vidourle n'enlèvent rien aux terrains de Marsillargues, mais ne les enrichissent pas beaucoup. Aussi est-il indispensable, comme corollaire de l'inondation, de fumer copieusement tous les deux ans.

La propriété de Tamariguière, par exemple, englobant 180 hectares plantés, n'occupera pas moins de 30 chevaux ou mules, un véritable peloton de cavalerie. Seulement, les terrains de dépaissances y étant médiocres et peu étendus, le domaine ne peut nourrir ni de bêtes à laine, ni de chevaux camargues. L'emploi des chiffons alternés avec les fumiers d'écuries supplée à l'insuffisance de ces derniers.

Le personnel des domaines de Marsillargues employé a demeure. — Le personnel attaché à toutes les exploitations languedociennes peut être divisé en trois catégories : celle des employés à demeure, celle des journaliers à l'année, enfin, la plus nombreuse de toutes, celle des vendangeurs.

Nous retiendrons comme type la propriété de la

Communauté. Tous les huit jours, l'homme d'affaires, qui séjourne à quelques lieues de distance, dans un petit village aux environs de Montpellier, arrive sur les lieux, fait le *tour du propriétaire*, examine l'état des travaux, donne des ordres, se fait présenter par le *paire* les feuilles de journées hebdomadaires, les mémoires des fournisseurs locaux, et, à la fin de chaque trimestre, une note relative aux gages et à la nourriture du personnel, depuis le *paire* jusqu'au dernier valet. Après vérification, tous les frais sont acquittés au *paire*. Celui-ci n'a pas à s'occuper, du reste, ni des marchés à conclure, ventes ou achats, ni de la direction générale à donner aux travaux ; il doit seulement veiller à l'exécution des mesures prescrites par l'homme d'affaires.

Ce qu'on réclame du *paire* d'une grande propriété, c'est moins l'esprit d'initiative que la faculté de savoir obéir intelligemment : toutes les fois que, par exception, le *paire* met la main à la pâte, il doit fournir un travail irréprochable, propre à servir de modèle pour ses subordonnés. Le même homme comprendrait mal son devoir, s'il épuisait ses efforts à exécuter lui-même, par amour de l'art, telle ou telle besogne qu'un valet, un ouvrier du village voisin ou le premier travailleur venu accomplirait sans difficulté. C'est un grave défaut pour un *paire* que d'avoir trop de goût ou d'adresse pour la menuiserie, le charronnage. On ne voudrait pas non plus d'un homme s'intéressant trop aux cultures autres que celles de la vigne ; il vaudrait mieux cent fois avoir affaire à un *paire* ignorant les principes les plus élémentaires en fait de céréales ou de fourrages.

L'homme marié qui, sous la direction du régisseur, conduit l'exploitation de la terre de la Communauté, reçoit par an 600 francs de gages. On lui donne en outre assez de vin pour abreuver tout son personnel mâle, lui compris. Nous savons que la *maire* ne touche pas de vin et, de plus, pendant les six mois d'hiver, du 1er octobre au 1er avril, au vin on substitue la piquette. Malgré ces restrictions, la consommation de la ferme est en pratique très considérable. Sans compter bien étroitement, on distribue la boisson, plus ou moins baptisée, à raison de deux litres par jour. L'homme le plus sobre reste au-dessous de cette moyenne pendant la saison froide, mais, à l'époque des chaleurs, consomme journellement ses quatre à cinq litres. Du reste, ce que le travailleur bas-languedocien réclame, c'est la quantité, le volume de liquide; il paraît se soucier médiocrement de la qualité. Mais nous pouvons indiquer la raison : la piquette la plus médiocre fabriquée dans une ferme de la rive droite du Rhône est encore très supérieure à la boisson dont se contentent les vignerons du Beaujolais.

On nous a affirmé quelquefois que certains journaliers économes, à force de consommer beaucoup de vin, en arrivaient à se soutenir avec une très faible dose de nourriture solide. De tels exemples sont exceptionnels ; dans la pratique, le *paire*, mangeant à la même table que son personnel, est forcé de ne pas lésiner sur la nourriture de ses gens. A la Communauté, il reçoit 1 franc par tête et par jour. Disposant d'un jardinet, il peut se dispenser d'acheter des légumes et jouit en outre des produits de sa basse-cour. Souvent il économise les frais de boucherie en abattant une des vieilles brebis du troupeau, qu'il paie alors au propriétaire à un tarif convenu (1).

(1) Avant que la culture des céréales ne fût supprimée à la Communauté, les arrangements étaient différents. On comptait au *paire* 0 fr. 30 par jour, et on lui donnait en outre pour un an 6 hectolitres de blé : le tout par unité.

Au *patre* sont subordonnés dans l'ordre hiérarchique sept valets, deux bergers, le gardien de la « manade », des chevaux camargues, et enfin le garde particulier chargé de la surveillance de la propriété. Les valets, qu'une inscription patoise gravée au-dessous du cadran solaire invite à se rendre promptement à la besogne, gagnent de 25 à 45 francs par mois, quelle que soit la saison ; ils couchent au grenier à paille dans des draps que leur fournit le domaine. Le samedi, après que les travaux sont finis et la soupe mangée, tous les valets se dispersent et vont passer le dimanche à la ville de Marsillargues (1) ; ils ne rentrent que le dimanche soir ou le lundi matin avant l'aube. Seul, un homme de garde, commandé à tour de rôle, reste pour veiller aux cas imprévus et donner leur provende aux mules.

JOURNALIERS. — Aux environs de Marsillargues, les journaliers partent, chaque matin, de leur domicile munis de provisions pour la journée, vont accomplir

(1) La commune n'a pas un seul hameau; elle se compose du bourg et d'une série d'exploitations ou de « mas », séparés les uns des autres par des intervalles d'autant plus grands qu'on s'éloigne davantage du centre communal.

leur tâche chez le propriétaire qui les emploie, et rentrent chez eux à la tombée de la nuit. A la Communauté, l'éloignement de l'agglomération (7 kilomètres) complique la situation ; il suffit, du reste, d'avoir parcouru, une fois, en hiver, les fondrières non empierrées qui servent de chemins pour se faire une idée de l'extrême difficulté des communications au milieu de ces anciens marais desséchés. Les travailleurs sont obligés de s'absenter de chez eux depuis le lundi matin jusqu'au samedi après midi ; ils couchent tous les soirs à la ferme, où ils portent eux-mêmes leur literie primitive.

Un groupe d'ouvriers agricoles se nomme, dans le bas Languedoc, une « colle » ; les hommes d'une même « colle» obéissent à un chef qui prend le nom de *baile* (1). Le *baile*, tout en travaillant comme ses subordonnés, leur donne le signal du lever, de la cessation et de la reprise de la tâche. Ses fonctions sont rémunérées par un excédent journalier de salaires de 0 fr. 25. Ceci nous amème à dire que les travailleurs

(1) Dans l'arrondissement de Montpellier, le *baile* est un chef ouvrier ; nous savons que sur les bords du Rhône le même mot s'applique au maître valet dirigeant l'exploitation.

ordinaires sont réglés sur le pied de 0 fr. 40 l'heure, soit, en pratique, 2 fr. 50 en hiver, 4 francs et même 4 fr. 50 en été ; on les occupe d'un soleil à l'autre. Le sulfatage des ceps au pulvérisateur en vue de les préserver du *mildew* est le travail le plus sale et le plus rebutant ; aussi ceux qui s'en acquittent sont-ils un peu mieux payés que les autres.

Lorsque les hommes quittent leurs foyers le lundi pour n'y plus rentrer qu'à la fin de la semaine, ils emportent avec eux un panier rempli de vivres ou *biasso*. Ces aliments servent en général aux repas du matin ou du milieu du jour ; le soir, la *maire*, moyennant une petite rémunération, leur prépare la soupe ; d'autres fois, les hommes font cuire eux-mêmes leur nourriture dans un local spécial qu'on leur abandonne. Quand arrive le mercredi, les paniers à provision sont vides ; alors ils sont ramassés par les soins du *baile*, qui les emporte le soir à la ville et les rapporte le jeudi matin après les avoir fait garnir à nouveau, grâce à une tournée générale effectuée dans les ménages respectifs des membres de sa bande. Ce renfort de nourriture ne s'épuise que le samedi matin, jour auquel les hommes, abrégeant la durée des pauses et des repas, tout en travaillant le nombre d'heures voulu, finissent assez tôt leur besogne pour pouvoir quitter le domaine vers deux heures et rentrer dans leur domicile, en hiver, avant le coucher du soleil : Ajoutons que les *bailes* qui commandent la manœuvre sont ordinairement des enfants du pays, rompus aux travaux agricoles, et qu'ils restent souvent attachés à la même exploitation toute leur vie.

Si l'on quitte la Communauté pour se rapprocher de la mer, en marchant dans la direction du sud, on tombe sur deux autres domaines contigus et très vastes, Tamariguière et le Grand-Cogul. Le second comprend 170 hectares de vignobles occupant sensiblement le tiers de la superficie totale de la terre ; le premier, auquel déjà nous avons fait allusion, est plus restreint, pris en bloc, mais l'emporte de beaucoup sur l'autre, comme surface plantée. Tous deux sont extrêmement dignes d'intérêt, à raison de leur situation isolée, contrastant avec l'esprit ultra-industriel et novateur qui préside à leur exploitation, surtout à celle de Tamariguière.

CONDITIONS ÉCONOMIQUES DE LA RÉGION DE MARSIL-

LARGUES. — Tamariguière occupe un personnel à demeure assez peu nombreux relativement, qui est secondé à l'époque des grands travaux agricoles par toute une nuée de travailleurs à la journée et de tâcherons. Mais ce dernier élément est très variable, de sorte que, pendant la morte saison, on n'occupe que 40 à 50 hommes là où, en été, on emploie 150 individus et davantage. Naturellement, bon nombre de ces ouvriers, ceux dont on peut utiliser les bras en tout temps, habitent le pays. Mais comment se procurer au moment voulu un pareil renfort de travailleurs, et cela dans un pays perdu et peu accessible? Les propriétaires de Tamariguière et du Grand-Cogul ont essayé d'un expédient trop curieux pour n'être pas signalé. Ils ont eu l'idée de fonder à proximité de leurs vastes fermes une colonie ariégeoise en attirant et retenant dans le pays des familles fuxiennes. L'Ariégeois quitte volontiers ses montagnes pour se fixer dans le bas pays, où il trouve de gros salaires assurés ; ouvrier moins adroit que le campagnard bas-languedocien, principalement en ce qui touche la vigne, il est, en revanche, plus doux, mieux discipliné, moins exigeant. Par malheur, ce plan a échoué : des hommes accoutumés à l'air vif et pur des Pyrénées n'ont pu s'habituer à vivre toute l'année au milieu des marais, dans une atmosphère tour à tour humide ou brûlante, dans une plaine presque sans arbres (1) et balayée par les vents. Seules des bandes de travailleurs célibataires ou *mésadiers*, qui passent l'hiver dans les Pyrénées, accourent à Tamariguière au mois d'avril pour ne retourner chez eux qu'après les vendanges. Leur santé se trouve-t-elle bien de cette émigration périodique sur les côtes de la Méditerranée? Nous n'oserions l'affirmer. Cependant, le pays n'est pas positivement malsain : les médecins de Marsillargues ne soignent pas de fièvres chaque année ; et, malgré de trop fréquentes maladies de cœur ou de foie, on peut signaler de nombreux octogénaires, anciens journaliers qui n'ont jamais quitté la région.

Toute cette zone était, avant l'invasion du phylloxera, dépourvue de vignes. La culture de cette

(1) Les arbres, en général, sont l'objet d'une guerre acharnée dans le bas Languedoc ; néanmoins le long du Vidourle et des canaux qui y aboutissent, on peut s'abriter sous quelques rangées d'assez beaux arbres. Plus près de la mer, dans les terres mal dessalées, les tamaris parviennent seuls à se développer.

plante ne s'étendait guère à plus de 2 ou 3 kilomètres au sud de Marsillargues, dans la direction de la mer. Les vins produits prenaient le chemin de la distillerie et ne se vendaient guère plus de 7 francs l'hectolitre au maximum. Actuellement, sans valoir les produits des coteaux du bas Languedoc, les vins de la Communauté, de Tamariguière, du Grand-Cogul, grâce aux soins apportés à leur fabrication, sont très acceptables. On propage presque exclusivement deux variétés : l'*Aramon*, espèce assez ancienne, à floraison précoce et par cela même sensible aux gelées, mais peu sujette aux maladies cryptogamiques, qui porte en abondance des grappes de gros fruits noirs, de la dimension et de la couleur d'une petite prune (fig. 4) ; écrasées, ces grappes fournissent des flots d'un jus clair, peu sucré, donnant naissance à un vin faible en alcool, mais vert et franc de goût. Favorisé par ces excellents terrains de plaine, l'Aramon à Marsillargues produit jusqu'à 200 hectolitres à l'hectare, les bonnes années. On associe à l'*Aramon* le *Petit Bouschet* (fig. 5), hybride de récente création, débourrant tard, mûrissant tôt, ses grains inférieurs en volume à ceux de l'Aramon, mais gonflés

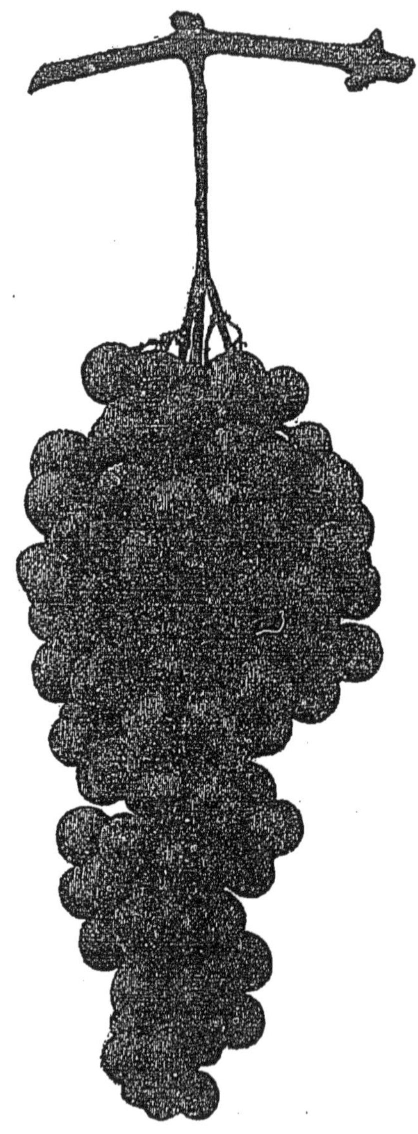

Fig. 4. — *Aramon.*

Souche vigoureuse, port étalé, feuille grande; grappe volumineuse, grains gros, très juteux.

Fig. 5. — *Petit Bouschet.*

Feuille moyenne, grappe grosse, cylindro-conique, un peu lâche ; grain assez gros ; à jus rouge foncé.

d'un suc noir. Le Petit Bouschet, en outre, présente l'avantage de craindre peu le *mildew*: s'il produit moins que l'Aramon et s'il fournit un vin à peine plus spiritueux et de goût assez plat, il constitue un teinturier incomparable.

Ainsi, des deux variétés de vigne qui dominent dans les terres submergées de Marsillargues, l'un fournit la quantité et l'autre donne la couleur. Et la qualité ? dira-t-on. La nature même du terroir, sol de plaine s'il en fut jamais, ne permet pas de planter beaucoup de cépages aptes à faire de très bon vin, sinon à titre d'expérience et sur une petite échelle. D'autre part, les propriétaires, pour regagner les forts capitaux qu'ils ont engagés, ont besoin de recueillir promptement d'énormes récoltes provenant de souches très productives et peu délicates. Ils se trouvent aussi dans l'impérieuse nécessité de fumer copieusement, et cela les oblige par contre-coup à avilir un peu la bonté de leurs vins. Assurément il est permis de demander mieux que les crus produits par la basse vallée du Vidourle, mais n'oublions pas qu'il s'agit de cantons autrefois réputés rebelles à la culture de la vigne; que l'on a dessalés, drainés et mis en valeur en les couvrant de plantiers florissants. Quant aux procédés de vinification, ils se sont perfectionnés au point que le commerce accepte à bon prix (1) et utilise ces vins de coupages loyalement et proprement fabriqués, sains et naturels. Tel a été le contre-coup du défrichement des marais de Marsillargues et de leur plantation en vignes. La culture du précieux végétal a entraîné un autre phénomène : de vastes étendues, absolument désertes au temps de Louis XIV, sont maintenant partiellement assainies et habitées par une population assez nombreuse qui décuple en automne.

III

LES VIGNOBLES DES SABLES

IMMUNITÉ PHYLLOXERIQUE DES SABLES. — C'est à la suite d'expériences et de tâtonnements dont les bords Rhône furent le théâtre que l'on entrevit la possibilité de conserver les vignobles français par la submersion, et c'est dans les mêmes parages, non loin des champs

(1) En 1892, les vins de Marsillargues se sont vendus à un taux moyen de 12 à 15 francs suivant les circonstances.

d'études où les agriculteurs montpelliérains éprouvaient la résistance des plants étrangers, qu'un troisième moyen de salut fut nettement signalé en 1873 par M. de la Paillonne, propriétaire à Sérignan (Vaucluse). Les vignes cultivées dans le sable pur ne paraissaient pas souffrir du phylloxera. Quelques années auparavant, un négociant cettois, propriétaire en Camargue, M. Espitalier, avait réussi à conserver des souches menacées, en accumulant des sables du Rhône autour de ses ceps déchaussés (1).

Quatre ans cependant après la publication de l'intéressante remarque de M. de la Paillonne, au Congrès phylloxerique international tenu à Lausanne au mois d'août 1877, l'idée émise n'avait pas fait grand progrès, car on ne lit dans les comptes rendus de l'assemblée que cette phrase vague : « Les terrains sablonneux semblent être un obstacle pour l'insecte. » Mais, quelques mois plus tard, les viticulteurs de Montpellier étaient plus avancés ; pendant que M. Henri Marès leur indiquait les avantages pratiques du *Ripa-*

(1) Espitalier, *Encore un moyen de salut pour les vignes phylloxerées. Ensablement avec addition d'engrais. Instructions pratiques pour l'emploi de ce procédé.* 1875.

ria, un autre viticulteur, M. Gaston Bazille, signalait l'immunité des sols sableux comme « un fait acquis sur lequel il est inutile d'insister ».

Divers auteurs ont admis que, par suite de la capacité hygrométrique des sables, l'eau du sous-sol, remontant à la surface, opérait sur l'insecte un effet analogue à celui de la submersion. Les observations de M. Marion, réalisées en 1878, à Marseille, dans le champ d'expériences du cap Pinède, démontrèrent l'inanité de cette théorie (1). On creusa une fosse dans un sol argileux très sec ; on la remplit avec du sable d'Aiguesmortes ; des pieds enracinés, âgés de deux ans, et couverts de phylloxeras, furent plantés dans ce sable. Au bout d'un mois, toutes les racines de ces plants étaient débarrassées des pucerons qui les couvraient auparavant. Les sables, bien que dépourvus d'humidité, jouissent donc d'une véritable « capacité insecticide », que le savant professeur marseillais attribua simplement à la ténuité et à la mobilité des particules sableuses, qui étouffent le phylloxera. Telle

(1) Marion, *Emploi du sulfure de carbone au traitement des vignes phylloxerées*. Rapport sur les expériences et les opérations en grande culture.

est l'opinion qui a prévalu. Toutefois, plus récemment, un naturaliste russe a entrepris des recherches fondées sur un autre ordre d'idées, soupçonnant le sable de recéler des *bactéries* susceptibles d'attaquer le fatal insecte.

LES DUNES DU BAS LANGUEDOC. — Avant que le terrible fléau ne vînt ravager plaines et coteaux, et, par contre-coup, modifier, dans une large mesure, les conditions de culture dans le bas Languedoc, la vigne était bien peu répandue dans les sables du littoral méditerranéen. On ne vendangeait guère que dans les parages d'Aiguesmortes ; planter en grand dans ces pays reculés, dans ce sol mobile à l'excès, eût semblé une folie. La bande sableuse dont Aiguesmortes occupe à peu près le centre et la partie la plus large, commence en Camargue, et, d'autre part, à l'occident d'Aiguesmortes, se prolonge vers Pérols, Palavas, Cette, de façon à isoler de la Méditerranée les lagunes de Mauguio, de Pérols, de Vic. A partir du hameau de La Peyrade, entre Frontignan et Balaruc-les-Bains, la zone des sables du rivage borde la petite mer intérieure qu'on appelle improprement l'étang de Thau, s'interrompt un instant à la hauteur de Cette, ensuite court de plus belle jusqu'aux Onglous, non loin du volcan éteint qui domine Agde.

Il y a peu d'années encore, tout ce cordon littoral, nous l'avons déjà dit, restait inculte, sauf sur quelques rares points privilégiés. Cependant, vers Aiguesmortes, à défaut de plantiers, la végétation n'était pas absente des sables. Aujourd'hui, presque toutes les pinèdes ne subsistent plus qu'à l'état de vestiges, et les lapins qui y pullulaient jadis, — est-il besoin de le dire ? — ont été exterminés dans l'intention de protéger les jeunes vignes.

L'étendue moyenne des propriétés qui se groupent autour d'Aiguesmortes, soit dans le Gard, soit dans la partie orientale de l'Hérault, soit dans la bande occidentale des Bouches-du-Rhône, dépasse sensiblement celle des exploitations de vignes submergées dont nous avons déjà entretenu les lecteurs de ce livre, et celle des domaines de vignes greffées dont nous parlerons bientôt. A la rigueur, les alluvions du Vidourle et le sol de la plaine de Montpellier ont pu être utilisés naguère, malgré la disparition des vignobles, et, dans le cas où une nouvelle maladie surgirait, ne perdraient pas toute valeur, tandis que si, par malchance, on était conduit à supprimer les vignes des dunes du littoral, il serait malaisé de tirer parti de ces dunes.

Utilisaton viticole des sables. — La création d'un vignoble dans les sables est une opération assez coûteuse, peut-être même plus chère que l'établissement d'un plantier greffé. Les fruits de la première vendange, correspondant à la quatrième année de plantation, ne sont pas encore fermentés, que déjà le propriétaire a enfoui dans le sol 2,800 francs par hectare (1). Mais là ne s'arrêtent pas les dépenses. Les possesseurs de vignes établies dans des terres à submersion, ou ceux qui ont greffé des souches américaines sur une grande échelle ont pu utiliser des bâtiments d'exploitation déjà construits, ou profiter, dans une certaine mesure, des locaux existants. Certes, un développement aussi démesuré diffère bien peu d'une création ; mais, en fait de vignes de sables, tout, absolument tout, était à créer. Par suite, les 2,800 francs

(1) Frais de défrichement, de nivellement, de plantation: 1,200 en tout. Frais de culture durant les seconde et troisième année: 2 × 400 = 800 francs. Quatrième année, frais de culture, fumure, engrais, soufrages, vendanges, etc. : 800 francs.

cités doivent être grossis de 1,700 francs employés en bâtisse d'immeubles proprement dits ou en achat d'immeubles par destination : matériel vinaire, bêtes de trait, instruments aratoires, foudres, etc., etc.

Parmi les frais de culture s'imposent naturellement les dépenses relatives aux engrais. Sans eux, la vigne épuiserait bien vite un terrain à la vérité riche en phosphate, à cause des nombreux débris de coquilles, mêlés à la silice du sable, mais dépourvu d'humus, et par cela même, pauvre en azote et en potasse. Le débours, qu'il faut renouveler au moins tous les deux ans, grève le budget de près de 270 francs par hectare (somme à répartir sur deux exercices, qu'on ne l'oublie pas). Il n'est pas sans intérêt de faire observer que le fumier de ferme, en pareil cas, ne s'emploie pas exclusivement. On lui préfère les engrais chimiques (1). Pourquoi la règle se trouve-t-elle absolument différente de celle qui sert de base à l'entretien des souches greffées et submergées ? Il ne faut pas oublier que c'est moins à cause de la nature intime des sables, qu'à raison de leur état physique, de leur faible cohé-

(1) Larbalétrier, *les Engrais et la fertilisation du sol* (Bibliothèque des Connaissances utiles).

sion, que les souches plantées sur les grèves du golfe du Lion bravent le phylloxera. Le sol, dit on, pourrait perdre son immunité, si une application trop soutenue de fumier de ferme le transformait à la longue en créant une couche d'humus. Avec un mélange de tourteau de sésame sulfuré et de chlorure de potassium ou de sulfate de la même base, on fournit à la plante les trois éléments dont elle a besoin : azote, acide phosphorique supplémentaire et potasse. Au lieu d'une amélioration progressive, le viticulteur s'applique à produire une surexcitation de courte durée, mais qui atteint parfaitement son but.

Il faut bien admettre, en effet, et dans une large mesure, que le propriétaire de vignobles de sables serait imprudent de trop escompter l'avenir. Autrefois il a planté et cultive encore aujourd'hui dans des conditions onéreuses et pourrait se trouver fort embarrassé, si le prix des vins, suffisamment élevé à l'heure actuelle pour le récompenser amplement de ses avances, venait à baisser au delà d'un certain taux (1).

(1) En 1890, les vins rouges produits par les sables n'ont pesé que 8 degrés d'alcool, et néanmoins ils ont trouvé acquéreur à 23 francs et davantage.

Sans être exempt d'aucun des fléaux, nouveaux ou anciens, qui assaillent tour à tour le précieux végétal, il doit lutter sans relâche contre un ennemi redoutable : le *salant*. Une année de forte sécheresse et d'extrême chaleur peut tout compromettre, dans ces terrains si proches de la mer, en provoquant l'ascension, vers la surface, des matières salines imprégnant le sous-sol (1). Aussi est-il imprudent de planter de la vigne dans des terrains d'altitude trop faible, et l'expérience a montré que pour réussir à la cultiver en sûreté, dans des circonstances pluviométriques défavorables, une cote superficielle minima de un mètre s'imposait nécessairement. Même dans de semblables circonstances, il faut, pour empêcher le sel de nuire aux souches, se résigner, après chaque façon, à recouvrir la terre d'une couche de roseaux ou de joncs. On conçoit que cette précaution, pour être indispensable, n'est pas à bon marché. Sans la protection de la couche d'appaillage, les vents produiraient bien vite, du reste, sur ce sol mobile à l'excès,

(1) Il est probable que des accidents de cette nature, qu'on ne savait autrefois ni prévoir ni empêcher, ont dû souvent ruiner les anciens plantiers des sables. A la suite de pareils insuccès s'était formé le préjugé relatif à l'infertilité des sables.

de fâcheuses dénivellations. On a également essayé de protéger un peu contre les vents les jeunes souches, au moyen de claies de roseaux verticales et convenablement orientées.

A force de soins, on obtient, avec les vignes plantées dans les sables littoraux, de jolis rendements en quantité : une récolte de 100 hectolitres par unité n'a rien de bien extraordinaire et peut être doublée dans des circonstances favorables. Quelques propriétaires ont surtout planté en vue de produire des vins rouges; ils se sont adressés à l'Aramon, la Carignane, le Petit-Bouschet. Mais ici l'ordre de préférence que la pratique a fait adopter n'est plus le même. On trouve l'Aramon trop gourmand, trop difficile sur le choix du terrain ; sans le proscrire tout à fait, on lui préfère le Petit-Bouschet ou même la Carignane, malgré sa déplorable faiblesse à supporter les assauts du mildew.

Est-ce à l'abondance de la silice, que renferment les dunes méditerranéennes, que les vins récoltés sur les sables doivent leurs bonnes qualités ? Le fait est probable. Sans pratiquer une sélection exagérée, on peut arriver à obtenir, dans des années ordinaires, de véritables produits de choix susceptibles de rivaliser avec les crus de coteaux du pays. Ces liquides, très supérieurs aux vins des bords du Vidourle, meilleurs, souvent que ceux de la plaine de Montpellier, ne manquent ni d'alcool ni de bouquet, et, sans avoir besoin d'être coupés, constituent une boisson assez agréable pour pouvoir être consommée sur les meilleures tables.

LES VIGNOBLES DES SALINS DU MIDI.— La plupart des propriétaires viticulteurs qui ont utilisé les sables, et notamment la Compagnie des Salins du Midi (1), dans ses deux grandes exploitation de Jarras, à l'est d'Aiguesmortes, et de Villeroy, près de Cette, ont suivi d'autres errements et ont organisé plantiers et celliers en vue de produire du vin blanc (2). On arri-

(1) Le domaine de Villeroy appartient, depuis 1881, à la Société des Salins du Midi, qui a succédé à la Compagnie des Salins de Cette. Les premiers défrichements datent de 1882. Quant au cellier dont nous ferons une courte description, il reçoit les produits de 263 hectares de vignobles, dont 75 pour l'exploitation de Villeroy et 188 pour celle dite du Castellas.

Près de la gare des Onglous s'élève un autre cellier, celui du Clavelet, auquel se rattachent 57 hectares.

(2) Un honorable industriel marseillais, M. Noilly-Prat, fabricant de vermouth, exploite à Montcalm, non loin de l'étang du Scamandre, au sud de Vauvert, un vaste vignoble de

verait au but desiré en prenant des raisins noirs dont on ferait fermenter le jus en l'absence des peaux et du marc; le Jacquez lui-même, convenablement traité, peut fournir un vin assez clair pour passer pour blanc, rappelant un peu le *vin d'une nuit*, si apprécié autrefois dans le bas Languedoc. Mais, dans le commerce, on exige une décoloration plus parfaite; aussi le vin blanc des sables est-il obtenu presque toujours au moyen de deux espèces : le *Picpoul* et le *Terret-Bourret.*

Lorsque le mildew épargne la première des deux variétés, la Compagnie des Salins est assurée d'une récolte abondante et d'excellente qualité, mais cela n'arrive pas toujours. Le Terret-Bourret, comme le Picpoul, est un vieux cépage languedocien; il servait autrefois à produire des vins de chaudière. Depuis le phylloxera et depuis l'invasion des maladies cryptogamiques (1), il ne se cultive guère plus sur les coteaux, même dans les terroirs où il était commun,

plusieurs centaines d'hectares dont les produits consistent uniquement en vins blancs destinés à former la base de ses liqueurs.

(1) Voy. E. Dussuc, *les Ennemis de la vigne et les moyens de les combattre* (Bibliothèque des Connaissances utiles).

parce qu'il fournit un vin rouge de couleur très pâle. La teinte lilas de ses gros fruits le classe dans un rang à part, entre les raisins noirs et les raisins blancs proprement dits, et il peut sans difficulté remplir le rôle des derniers.

Nous tenterons de faire ressortir quelques traits curieux, spéciaux au domaine de Villeroy, près des salins du même nom, à quelques kilomètres au sud-ouest de Cette. Une interminable série de vignes accompagne, sur une longueur de 9 kilomètres environ, la voie ferrée de Bordeaux à Cette; il serait difficile, croyons-nous, de trouver en France un second vignoble aussi long; mais, par compensation, l'étroitesse de l'isthme, resserré entre la mer et l'étang de Thau, et diminué encore de tout l'espace occupé par quelques affleurements d'argile, a réduit à peu de chose la largeur cultivable.

Tout le monde connaît l'influence néfaste des embruns salés sur la végétation en général. A Villeroy, les feuilles des souches se trouvent prises, non pas entre deux feux, mais, s'il est permis de s'exprimer ainsi, entre deux eaux. Malgré leur état prospère, on constate sans peine que les vents saturés de particules salines contribuent à dessécher les feuilles. Comme l'influence de la Méditerranée, en pareil cas, l'emporte et de beaucoup sur celle que peut produire l'étang, on conçoit aisément l'explication d'un fait qu'un observateur superficiel discerne à première vue : toutes les souches se développent avec vigueur du côté qui fait face à l'intérieur des terres et se flétrissent plus ou moins dans la direction de la mer. Les vignes abritées par des claies de roseaux échappent à cette règle et présentent un aspect plus verdoyant ; mais comme, en dehors de la simple apparence extérieure, le mal n'entraîne aucune conséquence fâcheuse au point de vue du rendement, il ne semble pas qu'on doive se livrer à des tentatives coûteuses en vue de prévenir un inconvénient plus apparent que réel.

L'absence de pittoresque et la vulgarité extérieure caractérisent au premier chef les plantiers sans fin qu'on submerge à Marsillargues chaque année. Seule, la riche végétation arborescente que le soleil du Midi développe sur les berges des canaux repose de temps à autre l'œil saturé de la monotone verdure des vignes. Près de Mauguio, l'uniformité s'accroît encore : la sécheresse du sol, et plus encore la haine implacable des régisseurs à l'égard des arbres, n'épargent rien, en dehors de rares amandiers, d'oliviers chétifs et de quelques platanes étiques. A Villeroy, l'impression est encore différente : l'observateur qui foule aux pieds le sable des sentiers, tracés entre les longues files de souches, contemple un paysage d'une laideur singulière et bizarre. Toute ombre, toute fraîcheur, sont absentes, cela va sans dire; en dehors des plantes spéciales aux terrains salés, à peine, de temps à autre, un pin rabougri. La montagne de Cette se dresse devant lui, stérile et nue, couverte de poudreuses *baraquettes*. Mais, en revanche, les flots bleus de la Méditerranée étincellent gaîment au soleil; les voiles blanches des barques de pêcheurs se détachent sur l'étang de Thau.

IV

LES CÉPAGES AMÉRICAINS. — GREFFE ET CHLOROSE

Comme la submersion et l'utilisation des terrains sableux peuvent être qualifiées de moyens exceptionnels qu'il est permis de négliger dans un tableau d'ensemble, le viticulteur de la fin du XIXe siècle, avant de pouvoir livrer au commerce du vin marchand, doit se préoccuper de la nature des vignes américaines susceptibles de croître dans le sol qu'il exploite ; puis il organise ses pépinières de boutures, et greffe ses sujets ; en troisième lieu, ses plantations organisées, il s'informe de la nature des engrais les plus propres à lui assurer des récoltes rémunératrices (1) ; en quatrième lieu, il doit défendre ses précieuses souches contre les effets désastreux produits par les cryptogames, les insectes et ses intempéries. S'il a eu enfin le bonheur d'amener sans encombre ses paniers hottes, cornues ou tombereaux, gorgés de raisins jusqu'à la cuve, il lui restera à s'occuper de la marche de la vinification dans un cellier convenablement outillé.

Telles sont les cinq questions principales que nous examinerons successivement, non sans digression, au double point de vue théorique et pratique, en passant brièvement sur les matières trop connues pour mériter un long examen ou trop complexes ou obscures pour que la discussion, à l'heure actuelle, en soit féconde.

(1) Voy. Larbalétrier, *les Engrais* (Bibliothèque des Connaissances utiles).

IMMUNITÉ PHYLLOXERIQUE DES VIGNES D'AMÉRIQUE. — Personne, aujourd'hui, ne conteste que le cruel fléau du phylloxera, dont les ravages ont largement fait expier au Midi le bonheur relatif qu'il a eu de ne pas subir, en 1870, l'invasion prussienne; que ce fléau, disons-nous, n'ait été introduit d'Amérique en Europe par d'imprudents collectionneurs de cépages exotiques. Deux pépinières de vignes d'Amérique, créées dans un intérêt de curiosité stérile : l'une à Bordeaux, l'autre à Roquemaure, dans le bas Languedoc, précisément à proximité des grandes régions vinicoles, ont infesté l'ouest et l'est de la France, puis enfin le pays entier. De bonne heure, quelques-uns des agriculteurs les plus compétents ont pensé que, puisque le mal était irréparable, il fallait trouver un moyen de s'en accommoder. Ce moyen devait consister à recourir précisément aux vignes du nouveau monde, qui persistaient à vivre en France au milieu des ravages de l'épidémie dont elles avaient apporté les germes, et qui, au delà de l'Océan, prospéraient dans des terroirs où succombaient les ceps transplantés d'Europe.

Du premier coup, les propriétaires montpelliérains

ont embrassé avec enthousiasme la solution remplaçant les cépages indigènes par les cépages exotiques. Ils se sont hardiment lancés dans la voie que leur signalait, en la frayant le premier, leur éminent compatriote, M. Planchon (1). Sans parler de ce botaniste prématurément enlevé à la science, plus d'un possesseur de vignobles n'a pas hésité à traverser l'Atlantique pour se rendre compte par lui-même de l'état de la viticulture américaine au delà des monts Alleghanys. D'autres savants, restés en France, plantaient, étudiaient, expérimentaient et finalement prononçaient, en pleine connaissance de cause, des jugements sinon définitifs, — ce mot devant être rayé du dictionnaire des termes agricoles, du moins éminemment utiles dans la pratique. Parmi ces chercheurs infatigables, nous mentionnerons comme hors concours M. Henri Marès (2).

Bien avant qu'une solution convenable eût permis d'appliquer en grand la viticulture fondée sur l'emploi

(1) J.-E. Planchon, *le Phylloxera en Europe et en Amérique*. Paris, 1874.

(2) Voy. Marès, *Description des cépages principaux de la région méditerranéenne de la France*. Paris, 1891, in-folio avec planches.

des cépages américains, les agriculteurs du sud-est avaient reconnu que les plants étrangers, portant peu de raisins et fournissant un vin très médiocre, ne pouvaient répondre directement au *desideratum* cherché. Il ne s'agissait pas seulement de découvrir des ceps résistant à l'insecte; il fallait en outre amener ces souches infertiles à donner des productions comparables à celles d'autrefois. Enfin les propriétaires languedociens, — et on ne saurait leur en faire un reproche, — tenaient beaucoup à leurs vieilles races perfectionnées par la sélection et ne pouvaient se résoudre à les abandonner irrévocablement.

L'obligation même où l'on se trouvait de trancher en même temps deux questions qui semblaient s'exclure : celle de la résistance et celle du produit, aboutit à la mise en pratique des deux méthodes encore en usage. En ce qui concerne la plaine de Montpellier, l'une, de plus en plus délaissée, consiste à utiliser le *Jacquez;* l'autre, très répandue, se base sur l'emploi du *Riparia* greffé.

PRODUCTEURS DIRECTS. — Le Jacquez (fig. 6 et 7) est un hybride obtenu par le croisement des vignes amé-

Fig. 6. — *Jacquez*.

Grain petit, globuleux ; chair un peu pulpeuse, peu sucrée ; peau mince bien résistante, noir foncé.

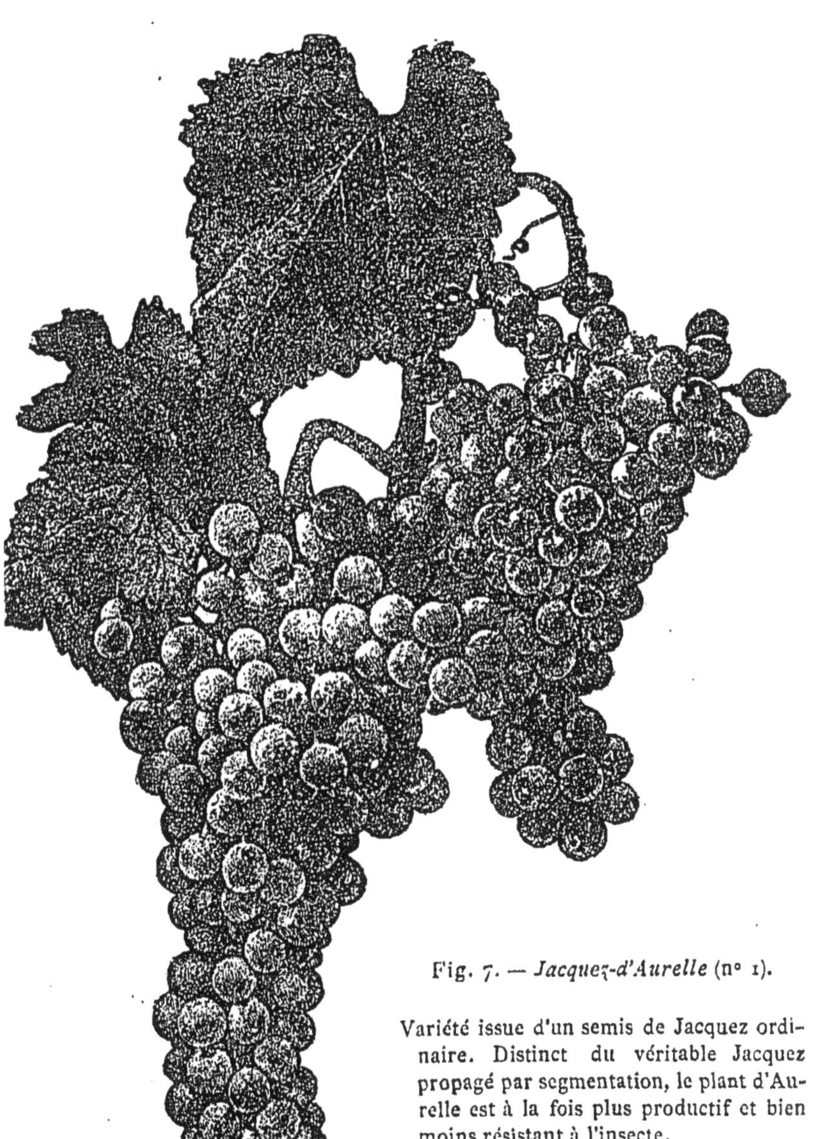

Fig. 7. — *Jacquez-d'Aurelle* (n° 1).

Variété issue d'un semis de Jacquez ordinaire. Distinct du véritable Jacquez propagé par segmentation, le plant d'Aurelle est à la fois plus productif et bien moins résistant à l'insecte.

ricaine et française. Issu de plants exotiques, il résiste assez bien au phylloxera, quoique son immunité ne soit pas absolue et qu'il faiblisse par moment. Il se plante et se cultive absolument comme les anciens cépages français, produit énormément de bois et se couvre, au printemps, d'un luxuriant feuillage dont la teinte vert foncé frappe l'œil de fort loin. Malheureusement, la beauté des fruits ne correspond pas à cet aspect extérieur si plantureux : les grappes sont composées de grains petits et médiocrement juteux. Somme toute, le Jacquez produit peu à l'hectare. Ses raisins, une fois pressés, donnent lieu à un vin alcoolique mais de goût médiocre, très foncé mais d'une nuance désagréable à l'œil et d'une conservation difficile, pour peu qu'il n'ait pas été obtenu avec beaucoup de soin. On accuse encore le Jacquez de ne pas produire très régulièrement, et surtout de redouter beaucoup les maladies cryptogamiques. Les partisans de ce cépage répondront que la production du Jacquez peut être fortement accrue par des soins intelligents et de fortes fumures ; qu'en cueillant les grappes avant la maturité complète, le vin de Jacquez dure assez longtemps, surtout s'il a reçu un peu d'acide tartrique; que la même vigne, largement aspergée de bouillie, résiste au *mildew*. La culture du Jacquez, on peut en être certain, prendrait beaucoup d'extension si l'on parvenait enfin à découvrir ce que l'on cherche depuis longtemps, le fameux « Jacquez à gros grains ».

Mais cet heureux phénix est encore à trouver.

Ce qui a fait surtout le succès du Jacquez, c'est la facilité avec laquelle il s'adapte à des terrains très divers, tout en s'acclimatant mal dans les sols trop humides ou trop marneux. Comme tous les cépages américains, il croît volontiers dans les terres caillouteuses et prospère à merveille dans les riches terrains de *diluvium* de la banlieue de Montpellier ; on peut constater, dans cette région, des cas de chlorose de Jacquez, mais ils sont rares et insignifiants.

Quelques-uns de nos lecteurs nous demanderont où en est la question des producteurs directs. Nous leur répondrons que les viticulteurs de Montpellier ne s'en préoccupent que fort peu ou même point. Loin de nous l'idée de soutenir que l'ensemble des propriétaires du bas Languedoc, grands ou petits, figure le microcosme des vignerons européens ou même français, ni que la moyenne de leur opinion représente mathématiquement les tendances générales ; mais, quand on y réfléchit, on voit que le problème qui a tant agité les agronomes, il y a quinze ou vingt ans, ne réclame plus de solution urgente.

Dans les vignobles « de quantité », qui prospèrent de Carcassonne à Arles, un seul cépage, produisant des raisins sans être greffé, a donné quelques résultats pratiques : c'est le Jacquez. Au début, il a été beaucoup prôné, tellement les agriculteurs étaient satisfaits de pouvoir cueillir enfin quelques grappes sur des souches luxuriantes de verdures. Le vin de Jacquez, très alcoolique, très foncé, se vendait d'ailleurs à bon prix, jusqu'à 50 ou 55 francs l'hectolitre, malgré son peu de stabilité, son goût médiocre et sa nuance violacée peu flatteuse à l'œil. Depuis lors, l'emploi du *Riparia* greffé s'est généralisé, et, vu l'abondance de vins nouveaux analogues à ceux obtenus avant le phylloxera, les prix ont baissé. On n'a plus vu dans le Jacquez qu'un producteur médiocre, peu coûteux, mais aussi peu rémunérateur. La greffe se popularisant de plus en plus, le vigneron du Sud-Est a décapité la généralité de ses plantations de Jacquez, sauf quelques pieds isolés, et a forcé la souche à porter de l'Aramon, de la Carignane ou des hybrides Bouschet, besogne dont le Jacquez ne s'est pas trop mal tiré du reste. Partout où prospère le *Riparia*, les remplacements s'opèrent aujourd'hui à l'aide de plants racinés soudés, plutôt qu'au moyen de Jacquez francs de pied, comme on le faisait volontiers naguère.

A l'autre extrémité de l'échelle, dans les crus distingués, l'introduction d'espèces portant des fruits médiocres, comme ceux de la plupart des hybrides, produirait de détestables effets (1).

Mais, en dehors des zones à grande production ou de quelques coins privilégiés portant des vins de choix, dans certaines provinces où les bons greffeurs sont chers et rares, où le petit cultivateur, le fermier, ne sera que trop porté à négliger les soins délicats et indispensables ou à donner aux greffes jeunes ou vieilles, des producteurs directs bien résistants au puceron et fournissant, à défaut de torrents de vin, une

(1) Voy. J. Bel, *les Maladies de la vigne et les meilleurs cépages français et américains*. Paris, 1890 (Bibliothèque des Connaissances utiles).

quantité raisonnable d'une boisson de bon goût, rendraient d'immenses services, au moins pendant les premières années. Ce n'est pas que le problème n'ait été creusé : on a cherché à tirer parti des croisements des vignes indigènes avec le *Rupestris*, déjà recommandés comme porte-greffe. L'influence hybridante du *Rupestris* est favorable en ce qu'il concerne la résistance au *mildew* et, du reste, elle hâte la précocité au point de vue de la date de maturation, circonstance très heureuse dans le nord de la France. En revanche, elle exalte d'une façon déplorable la tendance à la coulure. Mais, comme ce dernier accident devient plus rare avec un cep adulte et qu'il peut, d'ailleurs, s'atténuer par une sélection sévère lors du choix des boutures, il est possible qu'à force d'essais on arrive un jour ou l'autre au but souhaité. On a signalé, du reste, au Congrès viticole de Montpellier tenu en 1893, un Alicante Bouschet × *Rupestris* assez fertile et qui pourra rendre de bons services, une fois son immunité absolue bien constatée.

La greffe sur riparia. — La question du renouvellement des vignobles a été résolue le jour où l'on a utilisé le Jacquez, mais résolue dans le sens le plus étroit, au moyen d'une sorte de cote mal taillée. Il s'agissait d'arriver à un procédé plus général, dût-il être un peu moins simple. A ce desideratum satisfait, au moins dans une certaine mesure, l'emploi du *Riparia* (fig. 8), variété du *Vitis cordifolia* signalée déjà en 1874 à l'Académie des Sciences par M. Fabre, ancien député du Gard. Les boutures de *Riparia* prennent racine sans difficulté et projettent bientôt de longs rameaux grêles, garnis de feuilles en cœur, faiblement découpées sur les bords ; on voit dans la suite apparaître quelques grappes fleuries, qui rarement parviennent à maturité à cause de leur tendance à couler. Le viticulteur ne regrette pas cette perte, car le peu de vin que fournirait directement le *Riparia* n'est pas propre à la consommation. Au contraire, la véritable utilité du *Riparia* réside dans sa merveilleuse aptitude à servir de porte-greffe pour les vieilles variétés françaises.

Dans le courant d'avril, quelquefois en mars, rarement en mai, on procède au greffage du *Riparia* franc de pied, opération qui transforme un maigre arbuste sans valeur en une belle souche productive.

Plaçons-nous dans les circonstances les plus usuelles : depuis un an, le sol défoncé à la machine à vapeur, puis criblé de trous disposés en carré, a reçu non des boutures ou « bûches » de *Riparia*, mais des plants racinés, des « pourrettes » détachées par le fait depuis deux années de la souche mère, élevées d'abord en pépinières, puis plantées dans les trous dont il a été question. Depuis leur mise en place définitive, la saison s'est montrée favorable ; aussi la végétation des boutures enracinées, naturellement interrompue par l'épreuve de la transplantation, a repris de plus belle.

Le jeune *Riparia*, en un mot, prospère dans le coin de sol qu'il ne doit plus quitter. Arrive un premier ouvrier dont l'outil dégage le porte-greffe en creusant autour de lui une sorte de cuvette. Vient ensuite le greffeur : d'un coup de sécateur, il décapite le cep à quelques centimètres au-dessus de terre. La plaie vive suinte abondamment. Alors le greffeur, armé de son couteau, fend le sarment par le milieu et, entre les lèvres de la fissure, introduit le biseau du « greffon » français, tout frais taillé, de façon à assurer le contact intime des « moelles » des deux

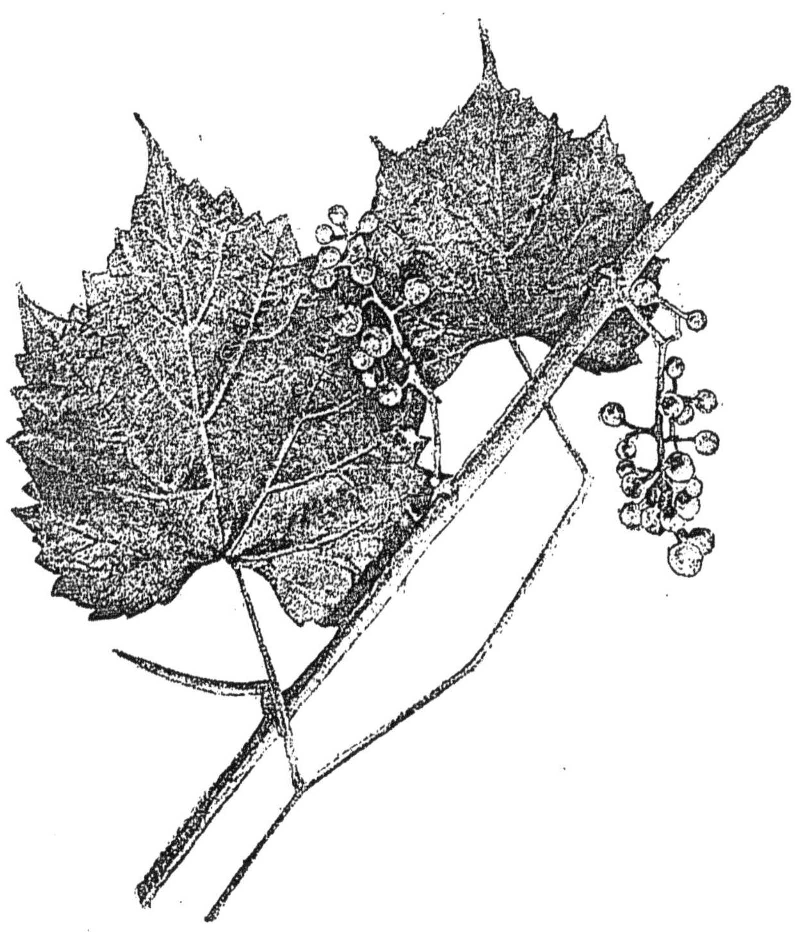

Fig. 8. — *Riparia tomenteux*, d'après une photographie d'Emm. Isard.

Grappe petite allongée cylindrique ou irrégulière; grains très lâches et en petit nombre sur les ramifications secondaires relativement nombreuses, non entremêlés de grains verts très petits ou petits, discoïdes, pruiné, d'un noir violacé foncé, rouge foncé à l'intérieur; stigmate persistant central très apparent; jus coloré en rouge vineux foncé (Foex et Viala).

sujets (1). Cela fait, il ficelle fortement le sarment américain avec du « raphia », pour parer aux chances de décollement. Le greffeur passe à une autre souche, et quelquefois une femme, portant un vase plein de terre glaise, lui succède et vient enduire la partie fendue du porte-greffe. Cette opération supplémentaire ne s'effectue pas toujours : elle est indispensable pour garantir la plaie du contact de l'air, lorsque, pour une raison quelconque, on ne peut greffer « à plein bois », c'est-à-dire quand le greffon est beaucoup plus petit que son porteur, ou si le terrain, trop caillouteux, ne peut conserver à la greffe l'humidité nécessaire. Dans les bonnes terres, avec des sujets bien proportionnés à la dimension du pied de *Riparia*, elle est superflue. Enfin, un dernier travailleur s'empresse de chausser la vigne nouvellement

(1) Nous venons de décrire la greffe en fente, qui a l'avantage de s'appliquer aisément à des « sujets » déjà robustes. La greffe dite *anglaise* se pratique rarement en place, plus souvent en pépinière et toujours sur de très jeunes porte-greffes. Alors le sujet et le greffon, qui doivent être parfaitement égaux entre eux, sont taillés de façon à se pénétrer mutuellement, opération qui exige un ouvrier très habile. Malgré l'étendue des surfaces en contact et à cause du dessèchement qu'amène la double section, les chances de reprises ne sont pas très supérieures à celles qui résultent de la greffe en fente. Pourtant, la soudure, une fois réalisée par la méthode anglaise, acquiert une grande perfection.

greffée en la recouvrant d'un petit monticule de terre, sorte de cône d'où émerge à peine l'extrémité du greffon.

Quelques semaines plus tard, vers la fin de mai ou le début de juin, après l'essor de la végétation, il faut procéder au nettoyage des greffes, opération qui n'offre aucune difficulté, mais qui exige de l'attention et de l'adresse. Le tertre dont nous avons parlé a changé d'aspect : des bourgeons du greffon sont sorties des feuilles couronnant le sommet de la butte, et, à travers les flancs de celle-ci, le pied-mère a projeté de nombreux *gourmands* ou *sauvageons*. Au moyen d'un ou deux coups de pioche, le journalier dégage l'ensemble et arrache avec la main, par un mouvement de traction verticale, les sauvageons encore tendres. L'essentiel, alors, est de ne pas ébranler le greffon. Pour favoriser la reprise, on tranche avec un couteau les racines françaises que la base du greffon aurait pu émettre (1). Ceci fait, on rechausse,

(1) Au début, pendant le travail de soudure, les racines françaises nourrissent provisoirement le greffon. Leur rôle n'est donc pas absolument inutile jusqu'au moment où l'union étant accomplie, le bois français peut et doit s'alimenter exclusivement par le porte-greffe. Il vaut mieux, ainsi que cela se pratique généralement, retarder un peu le « sevrage » et ne supprimer la racine française que dans le courant de l'été.

et, le mois suivant, tout est à recommencer. Souvent l'opération de la greffe semble avoir été manquée : le bourgeon supérieur du sarment greffé ne donne pas signe de vie : alors l'inférieur intervient et sauve la situation. Plus souvent encore la soudure n'est qu'apparente : le greffon verdoie et semble prospérer au début ; mais, si on l'examine de près, on constate qu'il ne vit que parce qu'il est alimenté par les racines françaises issues de sa partie inférieure. Cette vie factice est éphémère : ou bien ces radicelles succombent pendant les sécheresses du mois d'août, ou bien encore l'hiver suivant, lorsque les vignes sont déchaussées, le sécateur de l'ouvrier les tranche, ainsi que les gourmands oubliés. Bref, on est presque toujours forcé, l'année suivante, de répéter l'opération de la greffe sur quelques pieds : en dehors des cas extrêmes, il se produit bien par-ci par-là quelques soudures imparfaites ; alors la vigne n'a qu'une durée de peu d'années, après lesquelles elle languit et meurt.

Le greffage, même pratiqué avec soin, entraîne donc toujours quelques mécomptes. De plus, il faut repasser bien des fois les souches, en été d'abord, en hiver ensuite, pour arriver à supprimer tout à fait les rejetons du pied américain, qui épuiseraient inutilement la plante et les racines françaises, dont la présence est un grave inconvénient, surtout au début. Mais, à force de patience et de travail intelligent, on finit par obtenir de superbes plantiers très réguliers, formés de souches à pied de *Riparia* et à tête de race française, de souches productives et propres toutefois à braver le phylloxera.

La résistance presque absolue du *Riparia* aux attaques de l'insecte est un fait incontestable; elle résulte, à ce qu'il paraît, de la fermeté relative des extrémités radiculaires sur lesquelles le petit animal rencontre une nourriture qui n'est ni assez facile, ni assez abondante pour favoriser sa multiplication : c'est dans cette multiplication, à peu près sans limite sur les vignes de race européenne, que réside, en définitive, la vraie cause de la mortalité de celle-ci.

Au début, le *Riparia* était rare et cher; on greffait tant bien que mal sur des boutures un peu grêles de forts sarments d'Aramons et d'autres vignes indigènes. On pouvait craindre que la vigueur de ceux-ci, surexcitée par la greffe, en opposition avec toute la faiblesse d'un porteur demeuré mince, n'entraînât la production d'un bourrelet, suivie bientôt d'un décollement. Ces craintes ont été vaines jusqu'à présent, et, du reste, la culture raisonnée du *Riparia* ayant réussi depuis plusieurs années à produire des rameaux de fortes dimensions, l'équilibre entre les deux bois s'est maintenu, grâce à un phénomène de croissance simultanée.

Le Rupestris et les porte-greffes en général. — Rival souvent heureux du *Riparia*, le *Rupestris* (fig. 9) est d'importation plus récente. Par son aspect extérieur il diffère encore plus que lui de la vigne française classique. Non moins vigoureux que le *Riparia*, il le surpasse en rusticité, s'accommode merveilleusement des sols les moins fertiles et résiste admirablement au phylloxera. On lui reproche d'être réfractaire à la greffe : son bois cassant et frêle se soude malaisément avec le sarment français, surtout si le « sujet » n'est pas de la première jeunesse. Par contre, une fois l'union réalisée, le *Rupestris* alimente très bien son greffon et injecte dans les cellules de ce dernier des flots de sève qui amènent bientôt un développement luxuriant et une abondante mise à fruits. Ainsi, lorsqu'on veut

Fig. 9. — *Vitis rupestris* (Scheele), d'après une photographie d'Emm. Isard.

Grappe petite, irrégulière; grains très espacés, parfois au nombre de quatre à cinq ou d'un seul régulièrement développé au milieu de beaucoup de petits grains verts avortés, petits, irrégulièrement sphériques, peu pruinés, noirs, très colorés en rouge à l'intérieur, raisin peu ferme, à peau assez fine, acerbe et peu résistante, à jus coloré en rouge vineux très foncé, presque noir, sans saveur; grain renfermant de une à quatre graines (Foex et Viala).

réorganiser des vignobles détruits par le phylloxera ou en constituer de nouveaux, la difficulté théorique n'est pas bien grande. On dispose actuellement, et à prix très bas, d'excellentes variétés de souches américaines qui reprennent de boutures avec la plus grande facilité, émettent des racines que ne peuvent entamer les morsures du phylloxera, même dans les années défavorables comme celles que nous traversons, et qui, soit en pépinière, soit sur place, reçoivent la greffe de toutes nos vieilles et nouvelles variétés françaises. La vigueur du sujet est amplement suffisante pour assurer au greffon, avec une bonne nourriture, un développement hâtif et une mise à fruits précoce et abondante. Plus tard, si le végétal mixte est suffisamment nettoyé et fumé et si le vigneron empêche l'affranchissement, l'association hétéroclite continue à prospérer durant de longues années, et, à l'heure actuelle, rien n'autorise les pessimistes à fixer l'âge auquel l'épuisement définitif en arrêterait pour toujours la fécondité.

Il en est ainsi dans tous les sols que tapissent l'ajonc et la bruyère, où prospèrent le chêne liège, le pin maritime, le châtaignier. Comme tous ces végétaux, le *Riparia* et le *Rupestris*, qui constituent les meilleurs porte-greffes américains connus, aiment la silice et fuient le calcaire. Ils s'accommodent très bien, hâtons-nous de le dire, de terrains où jamais ces plantes ou arbres, que nous n'avons choisis que pour mieux fixer nos idées, ne sauraient croître ; mais, en somme, les *Vitis riparia* et *V. rupestris* sont calcifuges comme eux. Le carbonate de chaux à une certaine dose les empêche de vivre. Plantés dans un sol crayeux, tuffeux ou argilo-calcaire, les boutures ou les plants racinés végètent d'abord à peu près normalement, mais, au bout de peu d'années, se rabougrissent, jaunissent et meurent. La mort du porte-greffe entraîne naturellement celle du greffon français. Veut-on se convaincre de l'influence néfaste du carbonate de chaux ? On a qu'à prendre de la recoupe ou de la rognure de pierre de taille et à l'enterrer autour d'un *Riparia* franc de pied ou greffé, mais sain et vert ; on le verra peu à peu dépérir en jaunissant et même succomber si la dose de poison est assez forte. Cette redoutable teinte jaune, se détachant souvent sur des flots de luxuriante verdure, indique la présence, dans certains points du terrain du vignoble, d'un excès de calcaire. A l'aspect de ces taches dorées, capricieusement découpées et entremêlées de vert pur, les cultivateurs de l'Hérault disent que la vigne a revêtu sa livrée de deuil.

La chlorose des vignes greffées. — Nous voici maintenant en présence d'une grave difficulté, car elle tendrait, même dans l'Hérault, à limiter sensiblement l'emploi du *Riparia* greffé. Lorsque, pendant l'été, un voyageur parcourt la ligne de Tarascon à Cette, il constate souvent, au milieu de vignobles verdoyants et prospères, des taches jaunâtres dont on serait porté à priori à attribuer l'effet à des attaques phylloxeriques; il n'en est rien cependant: les racines de ces souches, examinées au microscope, ne dénotent pas l'atteinte de l'insecte. Ce sont tout simplement des *Riparia* greffés malades. Rabougrissement de la souche; couleur jaune des feuilles; raisins petits, maigres, mûrissant mal ou pas du tout: tels sont les symptômes de la chlorose ou « *cottis* ». Que les symptômes s'exagèrent, le cep se dépouille peu à peu de son feuillage et meurt. Les ravages du « *cottis* » déconcertent souvent le propriétaire par leur marche capricieuse. Parfois le mal ne se manifeste que plusieurs années après la greffe; d'autres fois, le *Riparia* languit déjà avant d'être greffé, ou bien la souffrance se décèle après l'opération sans être dangereuse, pour devenir menaçante un an après. De pareilles irrégularités surgissent aussi dans un sens favorable à la vigne : on a vu des souches compromises revenir à la santé; on a vu la jaunisse, très inquiétante en juin, s'atténuer en août pour s'évanouir en septembre.

On a eu peine à croire que des effets aussi variables ne fussent pas dus à des influences complexes. On a invoqué d'autres causes que l'empoisonnement par un excès de calcaire. La chlorose tient-elle aussi, comme on l'a soutenu, à un défaut de perméabilité dans le terrain ? Résulte-t-elle du manque de fer assimilable ? Faut-il attribuer le *cottis* à la blancheur même du sol qui ne s'échauffe pas assez au printemps ? Toutes ces affirmations paraissent exactes à la fois dans une certaine mesure. Nous pensons que là où plusieurs de ces causes se trouvent réunies, la vigne américaine greffée succombe; si, au contraire, on parvient à exclure l'une d'entre elles, le pied souffre, mais survit plus ou moins. En outre l'état de division du calcaire répandu dans le sol le rend plus ou moins assimilable, partant plus ou moins dangereux; un marbre compact, un tuf bien dur que les pluies entament à peine, seront moins nuisibles qu'une marne friable, une craie fine.

Ce jaunissement, connu en ampélographie scientifique sous le nom de « chlorose » ou « cottis », n'était pas absolument inconnu autrefois, du temps des vieilles souches françaises franches de pied. Dans des terrains ou avec des conditions défavorables, dans les craies de la Champagne charentaise par exemple, on voyait chaque année, à l'époque des chaleurs, jaunir la Folle-Blanche qui n'en fructifiait pas moins et continuait à vivre. Dès lors plus d'un viticulteur pépiniériste s'est dit : en hybridant un cépage français qui ne craint pas le calcaire, mais redoute le phylloxera, avec une vigne américaine rebelle au carbonate de chaux, mais insensible au puceron, nous pouvons obtenir un cépage nouveau à la fois résistant et point trop calcifuge, et la difficulté sera résolue.

D'autres horticulteurs se sont appuyés sur un principe bien différent. Selon eux, la question de résistance au phylloxera primant tout, il faut, pour aborder le problème, soit cultiver uniquement des espèces américaines prospérant, à l'état sauvage, dans les territoires infestés des États-Unis, soit, en cas d'insuccès de ce côté, hybrider entre eux les seuls cépages déjà connus pour indemnes, jusqu'à ce qu'on ait mis la main sur un type réfractaire à la chlorose.

La chlorose sévit très inégalement dans des circonstances bien peu diverses en apparence. Un pied de *Riparia* dénote-t-il les premiers symptômes de la maladie : celle-ci s'accentuera plus nettement encore si on greffe sur la souche compromise des hybrides Bouschet, de l'*Espar*, de l'Aramon. Mieux vaut alors faire porter au *Riparia* de la *Carignane ;* le mal, du moins, ne s'aggravera pas. Il s'atténuerait même si on empruntait le greffon à une vigne de *Clairette* ou de la variété vauclusienne nommée « Aubun ».

Dans beaucoup de terrains suspects, les viticulteurs bas-languedociens préfèrent planter du Jacquez et le greffer ensuite comme on fait du *Riparia.* Une pareille méthode serait parfaite si le Jacquez et surtout le Jacquez greffé présentait au phylloxera une résistance assurée à l'exemple du *Riparia.* Mais, à notre connaissance du moins, le procédé n'a jamais conduit à de fâcheux résultats, grâce probablement aux soins excessifs dont la vigne est entourée près de Montpellier. En combinant le Jacquez avec la Carignane et surtout avec la Clairette, on obtient un cépage mixte artificiel, susceptible de prospérer dans des milieux défavorables.

La double question étant posée dans les termes précités, les solutions les plus diverses n'ont pas manqué. MM. Couderc, d'Aubenas, de Grasset, de Pézenas, Millardet, de Bordeaux, Ganzin de Toulon, ont hybridé le *Rupestris,* un peu moins exigeant que le *Riparia,* avec de vieux cépages français, d'abord avec le Colombeau, hôte des terrains secs, pierreux et calcaires, puis avec l'Aramon du Midi et d'autres variétés encore. M. Pierre Viala, professeur à l'Institut national agronomique, recommande le *Vitis Berlandieri* (fig. 10) comme croissant aux États-Unis dans des sols passablement calcaires (1). Il ajoute que l'immunité phylloxerique du *Berlandieri* est des plus rassurantes pour l'avenir. Tout serait parfait si ce *Berlandieri* daignait reprendre de bouture lorsqu'on cherche à le multiplier par segmentation. Enfin

(1) Viala, *Une Mission viticole en Amérique,* 1889; in-8 avec planches.

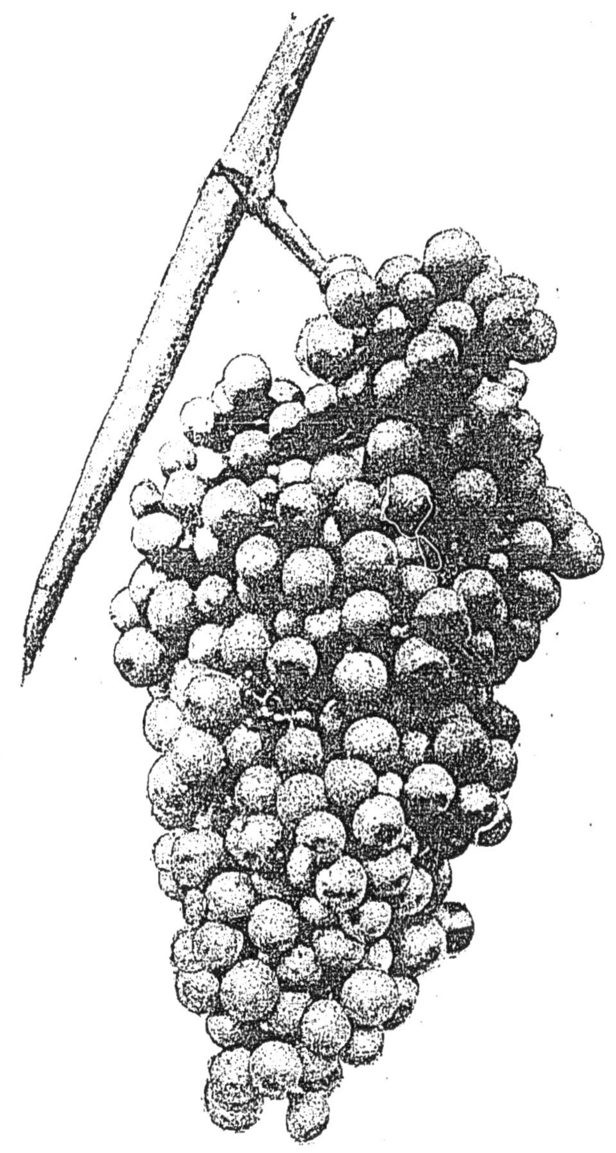

Fig. 10. — *Vitis Berlandieri,* d'après une photographie d'Emm. Isard.

Grappe moyenne ou sur-moyenne, ramassée, tronc conique. Grains serrés, petits, sphériques, pruinés, noirs ; baie ferme, à peau épaisse non élastique ; pulpe peu abondante, à jus d'une jolie teinte rouge vineux clair, sans goût particulier. Graine moyenne, renflée, à bec court (Foex et Viala).

d'autres viticulteurs, parmi lesquels M. Georges Couderc déjà cité, ont croisé entre eux des cépages exotiques tels que le *Riparia* avec le *Rupestris*, et ont ainsi réalisé des variétés nouvelles qui très souvent résistent sensiblement mieux à la chlorose que leurs parents de race pure. Tel est à peu près l'état actuel de la première question dont un propriétaire doive se préoccuper avant de reconstituer un vignoble.

Influence du calcaire sur la chlorose. — Tout le monde est d'accord sur les causes de la chlorose. La maladie dérive, comme nous l'avons indiqué, de la présence du calcaire dans le sol ou dans le sous-sol. L'analyse brute fournit déjà une notion approchée de la nocivité d'une terre. A priori, rien n'est plus facile, même pour un chimiste peu exercé, que d'en apprécier le titre en calcaire. Prenez un échantillon moyen obtenu en mélangeant plusieurs échantillons particuliers empruntés à la terre que vous étudiez. Séparez les gros cailloux au tamis ; broyez le restant ; prenez un poids fixé d'avance de terre fine et traitez-le par une quantité convenable en léger excès d'un acide dilué de force connue : l'acide nitrique étendu, en pareil cas, constitue le meilleur réactif. Un bouillonnement ou une effervescence caractéristique se produit; c'est le gaz carbonique qui s'échappe. Lorsque les bulles ont cessé de se dégager, l'opération est terminée. Quant à la dose d'acide surabondante, un simple titrage alcalimétrique la fait connaître. Le poids du réactif qu'a absorbé la terre est donc fixé *par différence;* ce poids est exactement proportionnel à la richesse en calcaire.

M. A. Bernard, ancien professeur à l'École de Cluny, a imaginé un petit appareil très simple qui permet de titrer avec rapidité le calcaire renfermé dans un échantillon de sol quelconque. La terre sèche, que M. Bernard recommande de ne pas broyer, pour éviter d'en altérer les parties fines par les résidus écrasés des rognons de calcaire dur, la terre sèche, disons-nous, est tamisée, puis pesée et finalement introduite dans un vase à réaction avec de l'acide chlorhydrique dilué. En se dégageant, l'acide carbonique presse sur une colonne d'eau renfermée dans un tube gradué. Du volume apprécié, on déduit le poids du gaz qui s'est échappé de l'échantillon et par suite la richesse en calcaire. Le *calcimètre* (fig. 11) est construit de façon à éliminer la plupart des corrections qu'exigerait le calcul rigoureux.

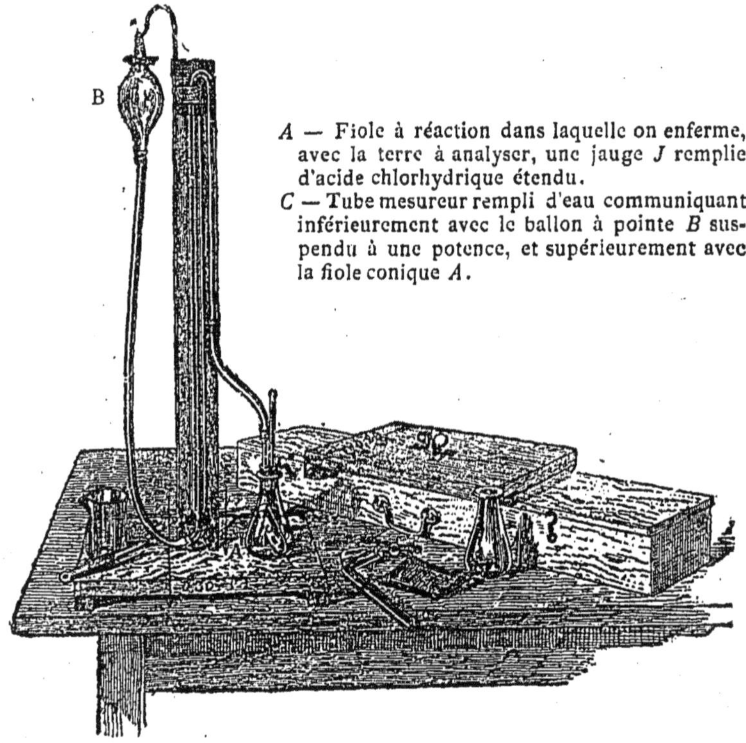

Fig. 11. — *Calcimètre* de M. A. Bernard, de Cluny.

Toutefois, le calcaire diffusé dans le sol est par lui-même incapable de nuire à la vigne, vu son insolubilité qui empêche les radicelles de l'absorber. Il faut, pour le rendre assimilable, l'intervention d'agents étrangers ; par exemple, la présence de l'acide carbonique dissous dans les eaux d'infiltration. On a fort bien remarqué que dans le cours des années très sèches la chlorose commettait moins de ravages que pendant les années humides, lorsque la pluie entraîne dans les profondeurs du sol une petite quantité de gaz carbonique, qui sert de véhicule au poison. Si le calcaire est divisé ou s'il est tendre, friable, l'attaque en sera facile et la vigne souffrira ; si, au contraire, le même élément se présente en masses compactes et dures, il se diffusera peu de carbonate, et la vigne étrangère prospèrera, au grand ébahissement de l'agriculteur trop superficiel qui n'aura pas tenu compte des véritables données de la question. Il faut donc étudier au préalable l'état physique du sol, et, si l'on se décide à planter, on en favorisera la perméabilité par un drainage intelligent qui permette l'élimination des eaux saturées de calcaire.

Comme beaucoup de phénomènes, la chlorose dérive d'une cause essentielle et primordiale, mais atténuée, aggravée ou modifiée par diverses circonstances (1).

(1) Sahut, *la Jaunisse ou Chlorose des vignes*, Montpellier.

On se trouve en présence d'un problème de physiologie végétale dont la solution a été plutôt entrevue que découverte. Aussi ce n'est point par une induction rationnelle et scientifique que nous sommes conduits à parler d'un remède qu'on a tenté d'appliquer, mais simplement par la routine journalière de faits empiriques connus de tous. Chacun sait que les arbres fruitiers souffrent quelquefois d'une maladie analogue; leurs feuilles jaunissent d'abord; puis le végétal, de plus en plus rabougri, succombe. Eux aussi, les platanes des avenues se chlorosent et, chose curieuse, partout où ces arbres languissent ou meurent, la vigne américaine éprouve les mêmes symptômes et disparaît. Il a donc été tout naturel, dès le début des plantations en souches étrangères, de chercher à guérir un mal analogue par un remède semblable à celui qui produisait déjà un bon effet sur les vergers trop chétifs ou les avenues trop inégales (1).

(1) Comme l'a fait remarquer M. Bernard, de Cluny, il est indispensable, lors de l'analyse chimique, de tenir compte de la vitesse d'attaque de la terre calcaire par les acides. Plus la dissolution s'opérera promptement, plus le sol sera sujet à la chlorose. Il faudra, bien entendu, ne comparer à l'échantillon qu'on étudie que des prises de même constitution géologique et recueillies dans des terrains voisins. — Lorsque le calcaire

REMÈDES PROPOSÉS POUR GUÉRIR LA CHLOROSE. — On a donc, et depuis longtemps déjà, proposé de combattre la chlorose par l'enfouissement, au pied de la souche languissante, d'une certaine quantité de sulfate ferreux ou vitriol vert, et souvent l'opération a été couronnée de succès. Le végétal anémique reverdit alors et redevient robuste. Malheureusement, la chimie, comme l'expérience la plus vulgaire, enseigne que le sulfate de fer est un sel extrêmement instable; il tend à se transformer rapidement en un composé insoluble couleur de rouille, dont l'action bienfaisante est à peu près nulle. Le vitriol vert se vend dans le commerce à l'état de gros cristaux, d'une nuance glauque assez pâle, qui ne tardent pas à s'altérer superficiellement et à se revêtir d'une croûte jaunâtre difficilement attaquable par l'eau. Bref, si une bonne chute de pluie ou de neige ne vient pas dissoudre promptement le noyau interne et rendre le sulfate assimi-

est dolomitique, la magnésie, dont l'effet n'est pas nuisible, se comportera comme la chaux lors de l'attaque aux acides. Si l'analyse qualitative accuse au préalable la présence de quantités notables de magnésie, l'agronome aura soin de la titrer à part et de défalquer cette magnésie du poids total des carbonates solubles dans les acides.

lable par les racines, le remède ne peut produire grand effet, et, si bon marché que soit le vitriol, revient toujours trop cher. Broyer les cristaux jusqu'à les réduire en poussière serait une opération difficile et coûteuse en pratique : on favoriserait la solubilité, mais aussi on précipiterait l'altération. Le mieux serait d'incorporer dans l'eau une certaine proportion de sulfate et de verser la solution encore récente et limpide dans des cuvettes creusées au pied des souches, mais on sait que l'eau n'abonde pas précisément dans les régions viticoles du Midi. Or on admet qu'il faut, pour bien opérer, 15 litres de liquide par souches, soit à peu près 60 mètres cubes pour un hectare complètement chlorosé. En dehors de la région des canaux, où l'on ne plante que des vignes françaises submergées, non sujettes à la chlorose, proposer un semblable moyen à un vigneron, c'est se moquer de lui la plupart du temps.

D'autres agronomes ont encore proposé de mélanger le sulfate de fer au fumier, agent dit *réducteur*, qui s'oppose à l'oxydation trop prompte du sel. Bien avant que le phylloxera ne fût connu, les jardiniers savaient parfaitement faire reverdir dans leurs caisses les orangers malades en les arrosant avec une bouillie d'eau de vidange et de sulfate de fer. Il se développe une sorte d'encre noirâtre, c'est le sulfure de fer insoluble. Cette matière ne tarde pas à puiser dans l'air ambiant l'oxygène nécessaire et à régénérer le sulfate ferreux. Celui-ci se forme donc peu à peu dans la terre, à portée des racines qui sont en mesure de l'utiliser sur-le-champ. Ce procédé serait à la vérité trop coûteux pour la vigne, mais le sulfure de fer ou pyrite n'est pas bien rare, surtout dans les régions minières ou industrielles, et nous ne nous étonnons pas qu'un viticulteur, M. Chabaud, ait insisté sur les bons résultats obtenus dans la région d'Alais en traitant les vignes chlorotiques par un mélange d'acide phosphorique, de fumier et de terre pyriteuse de Saint-Martin-de-Valgagnes abandonné pendant quelques mois au contact de l'air. On peut aussi plus simplement semer à la volée cette terre pyriteuse dans la vigne malade.

Depuis plusieurs années, on emploie dans l'Hérault, pour guérir la chlorose, un procédé quelquefois efficace et beaucoup plus simple encore. On prépare une solution à 1 pour 100 de sulfate de fer, c'est-à-dire qu'on fait fondre un hectogramme de vitriol vert dans dix litres d'eau. On remplit avec cette liqueur très diluée un pulvérisateur destiné à combattre le *mildew*, et on asperge les feuilles jaunâtres (1). Chacune des feuilles, si l'opération est bien faite, se trouve recouverte d'une multitude de fines gouttelettes de rosée, bien plus imperceptibles que les taches provenant des bouillies, parce que le liquide ferreux qu'on injecte est parfaitement clair. Quelques jours plus tard, de microscopiques taches vertes se manifestent partout où l'eau s'est déposée, puis s'est évaporée en abandonnant des traces de sel de fer. Ces points verts s'agrandissent, s'étendent comme des taches d'huile et finissent par recouvrir toute la surface de la feuille. Le végétal revient à la santé... s'il n'a pas été trop dangereusement malade. De plus, le remède n'est que temporaire, comme le procédé consistant à tailler de bonne heure la vigne, et, immédiatement après la taille, à badigeonner la plaie avec une solution du même sel ferreux. D'autres dérivés du fer ont été également essayés,

(1) Si minime que semble la dose, il ne faut pas en employer une plus forte. On brûlerait les feuilles au lieu de les guérir. Souvent même on se contente d'un demi-centième de vitriol.

mais la question de la préférence à accorder à tel ou tel composé n'a pas été jusqu'à ce jour bien élucidée.

VIGNES AMÉRICAINES RÉSISTANTES A LA CHLOROSE. — La question des vignes s'adaptant au terrain calcaire a soulevé d'assez longues polémiques. Nous disposons actuellement de nombreuses races artificielles très modérément calcifuges, sauf dans certains cas exceptionnels de terrains détestables, mais la question est de savoir si, par cela même que ces nouvelles variétés se rapprochent comme adaptation de nos vieux cépages français, leur résistance à l'insecte n'en sera pas amoindrie. Et d'abord quel est le taux d'immunité phylloxerique strictement indispensable ?

Nous pouvons citer à cet égard l'exemple du Jacquez, un des plus anciens cépages exotiques dont la culture en grand ait été essayée en France. Ses racines nourrissent toujours une garnison de phylloxeras qui ne quittent jamais la place.

Lorsque l'année est normalement humide, lorsque le terrain dont dispose l'arbuste est frais et riche, le Jacquez répare incessamment ses pertes en émettant de nouvelles radicelles et prospère à merveille. Vient-on à le greffer dans les mêmes conditions, surtout avec les variétés françaises dites à « bois durs » (Carignane, Clairette, hybrides Bouschet, etc.), il s'affaiblit un peu, mais fournit toutefois de jolies récoltes.

Dans les sols pauvres, dans les années chaudes et sèches, le Jacquez, surtout lorsque, au lieu de s'épanouir en liberté, il alimente une greffe productive, le Jacquez souffre et jette peu de bois. Il est probable que dans ces conditions, une sécheresse ininterrompue, se succédant durant plusieurs étés à la file, l'affaiblirait au point de le faire succomber. Heureusement que, même dans le Sud-Est, des circonstances aussi défavorables ne se rencontrent jamais ; du reste, avec des fumures intelligentes et des labours fréquents susceptibles d'attirer vers la surface la fraîcheur du sous-sol, on peut permettre au vignoble phylloxeré d'attendre des jours meilleurs, qui arrivent tôt ou tard. En dehors des bords de la Méditerranée (1), le Jacquez devient trop sensible au froid pour être cultivé franc de pied, mais l'humidité du climat lui permet de vivre en nourrissant un greffon sans jamais succomber au phylloxera.

(1) Voy. Sauvaigo, *les Cultures sur le littoral de la Méditerranée*. Paris, 1894, p. 287.

En somme, on peut poser en principe que tout cépage redoutant peu le calcaire offre une résistance pratique au phylloxera suffisante lorsqu'il ne craint pas plus l'insecte que le Jacquez. MM. Viala et Ravaz ont essayé de traduire, par des chiffres analogues aux notes d'examen, l'immunité des vignes américaines pures ou hybridées (1). Ils ont attribué au Jacquez la cote 13, qui, comme on le sait, correspond à la mention « assez bien (2) ».

Malheureusement, lorsqu'on plante des boutures de Jacquez, ainsi que d'autres espèces, dans la mauvaise craie des Charentes, le Jacquez succombe parfaitement, tout en restant le dernier debout, grâce à sa nature mixte. Il s'ensuit un résultat curieux... au seul point de vue théorique, par exemple. On apprécie souvent dans l'Ouest la constitution d'une terre à vignoble en exprimant qu'elle peut porter du Jacquez, ou, dans le cas contraire, en indiquant l'âge auquel la malheureuse plante succombe, empoisonnée par le

(1) Viala et Ravaz, *Recherches sur les maladies de la vigne : la mélanose*. 1887.

(2) Dans certaines années, lorsque l'envahissement du puceron s'exagère, quelques propriétaires prudents font sulfurer leurs Jacquez.

calcaire. De même à une autre extrémité de la France, les vignerons de l'Hérault, qui, plus difficiles, tiennent absolument à planter du *Riparia*, qualifient fréquemment les médiocres terres marneuses de « terres à Jacquez », et tout le monde comprend la signification de ce terme peu flatteur.

Puisque vous ne pouvez pas, avec les cépages primitifs importés d'Amérique, purs ou hybridés, trouver des souches ne jaunissant pas dans la craie et bravant le puceron, a-t-on dit, faites des champs d'expérience complantés de nouveaux hybrides collectionnés et numérotés, les uns francs de pied, les autres greffés ; attendez quelque peu, et bientôt vous saurez à quoi vous en tenir, car d'un côté le calcaire, de l'autre le phylloxera, tout aussi meurtrier, feront d'eux-mêmes la sélection demandée. Au bout de peu d'années, tout ce que vous retrouverez de vert et de vivace sera bon, et vous n'aurez plus qu'à multiplier de confiance.

Ce raisonnement semble irréprochable, et nous ne croyons pas, pour notre part, qu'il soit inexact. Cependant une objection assez curieuse a été soulevée par M. Verneuil (des Charentes), et nous tenons à la reproduire sans la garantir. « Il est vrai, dit-il, que l'influence de la craie fauche impitoyablement les espèces calcifuges, mais la destruction par le phylloxera s'opère moins simplement. Les pucerons s'attaquent tout d'abord aux vignes d'affinités européennes et sucent leurs tendres racines jusqu'à l'épuisement et mort des souches. Ensuite les insectes, délaissant les cadavres qu'ils ont rongés, se précipitent, faute de mieux, sur les variétés à racines plus coriaces et s'efforcent d'en tirer leur subsistance. Donc ces derniers cépages, après avoir paru indemnes au début, finissent par subir des assauts tardifs, mais très préjudiciables. Donc l'immunité phylloxerique ne peut être considérée comme acquise qu'au bout d'un temps très long, après la complète disparition des variétés non résistantes, et une expérience trop courte peut faire commettre même à un agronome expérimenté de funestes erreurs (1).

(1) D'autres savants, reprenant la même thèse, en profitent pour blâmer dans un même vignoble le mélange des pieds de Jacquez avec les souches de *Riparia* ou de *Rupestris*. Les quelques insectes qui mènent sur les racines indemnes une existence précaire se concentreraient bientôt, disent-ils, sur les radicelles du Jacquez à peu près mangeables et nuiraient considérablement à celui-ci.

Cependant, on peut signaler, dans les Charentes, des hybrides de vignes françaises et de *Riparia* ou *Rupestris* qui se conduisent bien et luttent honorablement tout à la fois contre le phylloxera et contre la chlorose. Dans les domaines respectifs de MM. Bethmont et de Dampierre, la reconstitution a été entreprise avec succès ; chez M. Bethmont, dans les *terres de groie*, le *Berlandieri* prospère et porte très bien la greffe ; il jaunit bien un peu, mais sans plus d'inconvénients que la Folle-Blanche autrefois. Néanmoins, si l'on veut faire un pas de plus et braver les terrains de craie presque pure, le *Berlandieri* lui-même abandonne la lutte. On peut, à la vérité, l'hybrider, mais alors l'infusion de sève française que lui transmet la fécondation lui fait perdre une partie de la résistance phylloxerique qu'il doit à sa nature sauvage. D'autre part, comme nous l'avons dit, la réussite des boutures de ce bienheureux cépage est des plus difficiles, quoique au dire de plus d'un viticulteur compétent, elle devienne assez pratique en employant certaines précautions. En somme, il reste toujours, à l'heure où nous écrivons, certains sols crayeux assez réfractaires au porte-greffe américain pour que le problème de leur replantation puisse être considéré comme toujours posé et non encore résolu.

Heureusement, pour l'avenir de la viticulture française, que non seulement sur bien des points du territoire même qui nous occupe, Jacquez, Vialla, Solonis verdoient sur des centaines d'hectares, mais que, dans les terrains étrangers à la formation crétacée, la question se dénoue bien plus aisément. Tel est le cas, par exemple, du tertiaire miocène du bassin de la Garonne ; à défaut du *Riparia*, les vignerons du haut Languedoc et de la Gascogne plantent des cépages croisés qu'ils greffent ensuite. L'espèce fécondante à l'origine, le père, si l'on veut, est toujours le *Rupestris*, parce qu'il est moins calcifuge que le *Riparia* et non moins résistant ; quant à la variété française fécondée, à la mère, tantôt ç'a été une variété blanche provençale, le Colombaud, qui, plantée sur de maigres coteaux, fournissait jadis de petites quantités d'un excellent vin sec, et M. Couderc, d'Aubenas, a ainsi obtenu son hybride 3103, auquel il a donné le nom de *Gamay Couderc* (1) ; tantôt ç'a été le plant

(1) Bien qu'un peu coulard, l'hybride 3103 peut à la rigueur, après sélectionnement des boutures, servir de producteur

connu de Nice à Perpignan et à La Rochelle sous les noms de Morvèdre, Espar, Mataro, Negret, Balzac, et le même agronome a créé ainsi le Morvèdre × *Rupestris* ; tantôt enfin l'Aramon du bas Languedoc (croisement réalisé par M. Ganzin, de Toulon : Aramon × *Rupestris*). Pour tous ces hybrides, choisis parmi des milliers de types insuffisants, la résistance à l'insecte, absolue chez les *Rupestris* purs, s'affaiblit tant soit peu en restant encore énergique, mais l'aire d'adaptation s'étend, et, ce qui est très essentiel, l'aptitude au bouturage et surtout au greffage s'accroît sensiblement.

Nous empruntons quelques chiffres intéressants à M. Pierre Castel, président de la Société d'agriculture de l'Aude. Dans ce département, limitrophe de la zone toulousaine, et moins favorisé que l'Hérault, son voisin, au point de vue de la reconstitution, jusqu'à 10 pour 100 de calcaire, le *Riparia* s'étale luxuriant ; de 10 à 18 pour 100, il faut exciter la végétation par de fortes fumures et traiter au sulfate de fer.

direct analogue au Gamay de Bourgogne. Le Morvèdre × *Rupestris* et l'Aramon × *Rupestris* portent aussi quelques raisins, mais leur fécondité est bien moindre que celle des cépages français dont ils descendent.

Au delà de 18 pour 100, l'agriculteur est désarmé, et la mort survient toujours peu d'années après la greffe. Mais alors l'emploi judicieux du *Rupestris* permet de lutter dans de meilleures conditions, et, en ayant recours à des hybrides de *Rupestris*, on peut cultiver de la vigne jusqu'à 40 pour 100 de calcaire.

Dans le Mâconnais, dans la Côte-d'Or, la situation ne diffère pas beaucoup de celle que nous avons esquissée pour le Sud-Ouest. Il semble même que la question se soit simplifiée : sous le climat bourguignon, l'effet destructeur du phylloxera se fait encore sentir, mais n'agit plus avec la foudroyante rapidité qui a tant éprouvé le Midi. En d'autres termes, l'adaptation au sol devient le facteur important. Les vignerons tout d'abord ont essayé du *Riparia*, du *Rupestris* et de l'*York-Madeira*, qui n'ont pas tardé à succomber dans le lias et l'oolithe. Mais, depuis cinq années, ils replantent avec des hybrides de MM. Couderc et Ganzin, et les résultats sont excellents tant sur la côte châlonnaise qu'à Pommard où le Gamay-Couderc sert de porte-greffe. Il paraît même que ces hybrides à demi sauvages croissent mieux et plus vite que les anciennes souches françaises (1).

Nos viticulteurs ont même d'autres cordes à leur arc qui peut-être, dans quelques années, leur assureront, toujours en dehors des craies charentaises, des vignobles strictement indemnes de phylloxera dans des terres très calcaires. Parfois les variations individuelles ménagent d'étranges surprises. Ainsi, depuis peu d'années, on a observé que certains pieds de *Rupestris* vivaient et prospéraient non loin de Montpellier, sans jaunir, avec 60 centièmes de carbonate de chaux au contact de leurs racines. On a baptisé cette nouvelle variété d'une foule de noms dont le plus scientifique est *Rupestris Monticola*, et on commence déjà à l'utiliser, notamment dans la région du Lot, où la reconstitution en *Riparia* ou en une autre variété de *Rupestris* semblait d'abord presque impossible. D'autre

(1) En ce qui concerne la vigne américaine de race pure, on peut se demander si notre ciel n'est pas trop froid pour des végétaux natifs de territoires plus voisins de l'équateur que notre patrie. D'abord, il s'agit, non de vignes à fruit, mais de porte-greffes que des précautions sommaires peuvent garantir des froids de l'hiver. Et puis n'oublions pas qu'en France, et surtout dans l'Ouest, le climat est de nature tempérée, sans les violentes chaleurs ni les froids cuisants qui tour à tour éprouvent l'intérieur des États-Unis.

part, MM. Millardet (1) et de Grasset, et M. Couderc, en fécondant le *Riparia* par le *Rupestris*, ont obtenu de nouvelles variétés qui, provenant de parents résistants, bravent le phylloxera et qui, néanmoins, supportent les terrains marneux (2).

V

LES VIGNOBLES DE LA PLAINE DE MONTPELLIER.

Peut-être ne sera-t-il pas sans intérêt d'examiner d'autres méthodes de culture, de jeter un coup d'œil sur les bourgs ou villages du pays de la vigne. Il n'existe que peu ou pas de hameaux, beaucoup de grandes ou de moyennes exploitations, avec *paire* et valets, mais plutôt fréquentées qu'habitées par les propriétaires, dont la plupart séjournent en ville, sauf à l'époque des vendanges, le tout entremêlé d'innombrables

(1) Millardet, *Histoire des principales variétés et espèces de vignes américaines qui résistent au phylloxera*. Bordeaux, 1885, in-4°.

(2) Voy. Couderc, *Hybridation artificielle de la vigne appliquée à la recherche du producteur direct résistant au phylloxera*, 1887.

lopins de terre replantés en vignes fort bien entretenues et soignées. Le paysan qui les possède habite dans le centre communal, ainsi que les journaliers de profession qu'emploient les grands domaines. Beaucoup de ces petits propriétaires, ne trouvant pas à s'occuper chez eux toute l'année, se louent souvent comme travailleurs ou tâcherons chez leurs voisins plus riches. Les villages sont donc assez considérables, et la nécessité où beaucoup de cultivateurs se trouvent de posséder cave et vaisselle vinaire, d'entretenir un couple de mules ou de chevaux, contribue à augmenter leur étendue.

Toutes ces localités, grandes ou petites, présentent un aspect singulièrement uniforme d'aisance banale, d'élégance sans caractère: petites, elles semblent détachées d'une vraie ville; plus considérables, elles ne font l'effet que d'un gros village. Est-ce une erreur de notre part? Ce trait caractéristique nous paraît emprunté au pays industriel par excellence, à l'Angleterre, où les maisons d'un bourg de 2,000 âmes répètent identiquement celles d'une grande ville, au nombre près.

COUP D'ŒIL SUR LE DOMAINE DE GUILHERMAIN. — Le domaine de Guilhermain est situé dans la commune de Mauguio, non loin des rives de l'étang de l'Or, à moins de 9 kilomètres de Montpellier. Achetée en 1881, la terre ne comprenait à cette époque qu'environ 160 hectares presque incultes ; mais, enserrée de tous côtés par des parcelles appartenant à des paysans du bourg de Mauguio, elle se prêtait mal à une culture intensive. On comprend les difficultés interminables qu'aurait éprouvées le possesseur de Guilhermain à s'arrondir et à se compléter par l'achat des nombreuses enclaves qui interrompaient la continuité des terres, s'il les avait voulu acheter, même à prix élevé, à ses nouveaux voisins. Tout fut aplani par l'acquisition préalable de divers petits tènements d'excellente qualité et voisins du village. Ces lots servirent pour ainsi dire de monnaie pour désintéresser les cultivateurs dont les domaines étaient limitrophes de Guilhermain ; le grand propriétaire leur offrit d'échanger ceux-ci contre des lots de qualité égale, sinon supérieure, et d'une exploitation beaucoup plus commode. On conçoit que personne n'ait hésité en présence d'un marché aussi avantageux. A l'heure actuelle, Guilhermain occupe une surface assez régulière de plus de 230 hectares dont 195 consacrés à la culture de la vigne.

Toutes les souches ont subi l'opération de la greffe et portent des raisins. Comme pour les vignobles soumis à l'inondation, le cépage qui domine est l'Aramon, sous forme de greffon, bien entendu. A l'Aramon viennent s'ajouter le *Petit-Bouschet* (fig. 5, p. 41), que nous connaissons déjà, l'*Alicant Bouschet* (fig. 12), et la *Carignane* dont il convient de retracer en peu de mots le signalement.

Extérieurement, l'Alicant Bouschet ressemble beaucoup au Petit-Bouschet ; il fournit un vin tout aussi noir et plus liquoreux. Quelques propriétaires se plaignent pourtant de l'irrégularité de sa production, mais l'hybride, de création trop récente, ne saurait être encore apprécié à sa juste valeur ; généralement, on en fait cas comme d'un bon cépage. La Carignane offre cette particularité qu'elle n'est destinée ni à gorger les cuves, comme l'Aramon, ni à servir de colorant comme les hybrides Bouschet, mais bien à améliorer le vin. Espèce passablement productive, elle donne lieu à d'assez bons crus, peu foncés en teinte,

Fig. 12. — *Alicant Bouschet*
à feuilles de Grenache; hybride du Grenache et du Petit Bouschet.

mais d'un bouquet agréable. Nous savons déjà qu'elle brave la chlorose dans une certaine mesure, lorsqu'on l'adapte sur un porte-greffe, mais elle redoute au suprême degré oïdium, *mildew* et autres maladies du même ordre, anciennes ou nouvelles. Lorsque le mistral ou la tramontane ont soufflé un peu fort au mois de juin, ce qui n'est pas un événement rare aux portes de Montpellier, le viticulteur, s'il examine après la bourrasque ses rangées de Carignanes, constate de trop nombreuses brisures de rameaux. Il est bon de ne greffer la Carignane que dans des emplacements abrités pour qu'elle puisse déployer sans encombre ses fragiles rameaux érigés, couverts de larges feuilles.

En parcourant les belles avenues de Guilhermain, coupées à angle droit par d'autres chemins, nous verrions souvent des files de Jacquez non greffés border les plantiers. Le but pratique de cette disposition mérite d'être signalé : on a voulu atténuer par avance les dégâts causés par la maladresse du laboureur. Quand il est parvenu à l'extrémité d'une ligne de souches, il lui faut tourner, ainsi que sa bête, pour reprendre sa marche, en sens inverse, de l'autre côté de la rangée. Excitant de la voix la mule ou le cheval, l'homme lui fait décrire un demi-cercle, pendant qu'il soulève à force de bras le soc de son « araire » et le replace dans la nouvelle direction. La dernière vigne de l'enfilade, centre de ce mouvement, est souvent foulée par les pieds du quadrupède rétif ou froissée par l'impéritie du valet. Une souche greffée résisterait mal à cette épreuve ; mais, avec un Jacquez franc de pied, les risques sont moins graves, puisqu'il n'y a pas de décollement à craindre.

Au milieu même des vignobles figurent aussi un certain nombre de Jacquez non greffés dont la verdure sombre tranche nettement sur le feuillage clair de l'Aramon. Ce sont des boutures substituées à des greffes mortes ou dessoudées par le vent. De cette façon, les travailleurs ne perdront pas de temps à poursuivre sur quelques *Riparias* isolés, introduits après coup dans de vieilles vignes, la délicate opération de la greffe. Toutefois, depuis quelque temps, on préfère, à Guilhermain comme ailleurs, garnir les vides accidentels avec des plants racinés-greffés achetés chez le pépiniériste. Les plants racinés-greffés reprennent en général assez bien et assurent la parfaite homogénéité du vignoble. Néanmoins, leur faiblesse intrinsèque et le voisinage immédiat des racines plus vigoureuses des vieilles souches nuisent sensiblement à la précocité de leur production. Ce n'est guère qu'au bout de trois ans qu'ils deviennent suffisamment fertiles.

A Guilhermain, les défoncements préliminaires aux plantations se sont opérés au moyen d'une charrue défonceuse tirée par six paires de bœufs : la terre a été déchirée jusqu'à 0m,60. Depuis, on a eu recours à la charrue à vapeur ; néanmoins, les étables du domaine ont nourri plusieurs années encore quelques bœufs servant au transport du fumier dans les terres, jusqu'au jour où les chars à bœufs ont cédé la place à des charrettes à mules d'un modèle spécial. A défaut de bêtes à cornes et en sus de plusieurs chevaux, l'écurie comprend vingt-cinq belles mules du Poitou. Un palefrenier, qui ne sort guère de l'écurie, s'occupe à leur distribuer leur nourriture ; les charretiers, en dehors de leur travail extérieur, n'ont à s'inquiéter que du pansage de leurs bêtes.

Personnel du domaine. — Le personnel annuel moyen comporte environ trente-cinq personnes. Un régisseur, ancien élève de l'école d'agriculture de Montpellier, né et élevé dans la région, habite le domaine et dirige la partie technique de l'exploitation. Au *paire* et à sa femme incombe l'obligation de nourrir non seulement les vingt-cinq hommes affectés à la conduite des mules ou chevaux, mais encore l'homme préposé à la cave et le berger, auxquels il faut joindre deux charrons et un maréchal chargés de veiller à l'entretien du matériel agricole. L'indemnité de pitance est de 0 fr. 30 par tête et par jour ; on y joint des dons en nature : 7 hectolitres de vin, 440 kilogrammes de blé, 10 litres d'huile à manger, 12 kilogrammes de sel, le tout par homme et pour une année (1). Quant aux légumes, ils ne manquent pas et croissent à profusion dans un vaste jardin arrosé par une gigantesque « noria ».

Dans une ferme comme Guilhermain, on peut remplir les seconds rangs non seulement avec *honneur*, mais avec profit : les quatre valets classés chefs charretiers reçoivent 80 francs par mois durant toute

(1) La *maire* n'a droit qu'à 240 kilos de blé par an et 5 litres d'huile, soit la demi-ration d'un valet. De fait, là comme partout ailleurs, le pain et le vin sont distribués aux hommes presque à discrétion.

l'année. Pour les autres, les gages non seulement décroissent, mais varient suivant la saison. Au temps adis, les valets de ferme restaient attachés pendant vingt années et davantage à une même exploitation, et les termes même de *paire* et de *maire* qui sont restés témoignent du rôle presque paternel que jouaient les maîtres valets vis-à-vis des subordonnés qu'ils étaient chargés de commander et de nourrir. Les circonstances ne sont plus les mêmes : aussi, pour modérer un peu ce va-et-vient continuel de laboureurs à gages, les propriétaires ont généralisé la règle consistant à proportionner le salaire au travail du moment. Tandis qu'à Marsillargues, par exemple, un trimestre d'employé se soldera par 112 francs, quelle que soit la date du règlement, près de Montpellier, le *charreton* (1) recevra 120 francs pendant l'été et 105 francs seulement durant la morte saison. Sans cette convention, assez juste du reste, le valet peu scrupuleux s'engage pendant l'hiver dans une ferme où il gagnera un fort salaire, et, lorsque arrive le printemps, il quitte son maître et profite de la hausse inévitable

(1) Charretier en second. Ce mot se trouve dans La Fontaine.

qui se produit à cette époque pour louer fort cher ailleurs ses services.

En 1888, l'exploitation fournissait déjà au commerce un lot de 7,000 hectolitres coté 12 francs; en 1890, les progrès réalisés permettaient déjà de doubler non seulement le chiffre de production, mais le taux de vente, favorisé, il est juste de le dire, par une hausse sensible. Depuis lors, malgré des gelées et des grêles qui ont affligé les vignes en 1891, 1892, et ont nui par répercussion à la vendange de 1893, le rendement de Guilhermain n'a jamais été inférieur à 12,500 hectolitres. L'on n'a plus revu les prix de 1890, sauf pour du vin rosé d'excellente qualité fait à part en 1892.

VI

LA CULTURE DE LA VIGNE. CONDITIONS ACTUELLES

GREFFES ET FUMURES. — Quoi qu'il en soit, on greffe actuellement et il est probable qu'on greffera toujours sur des souches de production nulle ou médiocre. Quel est le meilleur procédé à suivre pour s'assurer une bonne soudure et une production hâtive ? Sur ce point, le Sud-Ouest (1) et le Sud-Est, personnifiés chacun par d'éminents agronomes, se sont livrés à de longs débats, desquels il ressort que, près de l'Océan, l'humidité permet l'emploi en grand de la greffe dite herbacée ou en écusson ; mais que, sur les bords de la Méditerranée, la vigne refuse obstinément de vouloir se laisser traiter comme un simple églantier qu'on transforme en rosier à fleurs doubles. Il faut se résigner à décapiter le sujet au printemps, au risque de le voir quelquefois succomber en cas de non-réussite. De même, on n'a pas pu s'accorder complètement sur l'efficacité de la protection des soudures au moyen d'un bouchon ou d'une plaque de liège, ainsi que cela se pratique aux deux extrémités du vignoble français, dans le Maine-et-Loire et dans le Var. Mais laissons là la discussion de procédés familiers aux praticiens (2).

Toutes les vieilles variétés françaises ont avec leurs sœurs d'Amérique assez d'affinité pour qu'après le

(1) Plusieurs viticulteurs du Var ou des Pyrénées-Orientales sont souvent venus appuyer de leurs avis, dans le cours de la discussion au Congrès de Montpellier, les orateurs girondins.

(2) Voy. Viala et Nanot, *Greffage de la vigne*.

greffage une soudure des plus parfaites s'établisse, sans risque aucun de décollement, ainsi qu'il arrive, par exemple, lorsqu'on veut faire croître un rameau de châtaignier sur un pied de chêne. Il semble aussi que la robuste vigueur du sauvageon, en provoquant dans le greffon un copieux afflux de sève, augmente sensiblement la fructification, qui devient et plus hâtive et plus féconde. Faudra-t-il expier cet avantage par une durée moindre du cépage mixte ? On ne saurait se prononcer sur cette redoutable question. Les premières vignes greffées, non sur les variétés médiocres qu'on a essayées au début, mais sur les bons porte-greffes recommandés ou obtenus plus tard, n'accusent aucun symptôme de dépérissement jusqu'à ce jour. Mais il est certain que, pour compenser l'affaiblissement produit par le surcroît de vendanges dont nous venons de parler, il est indispensable de fumer plus souvent et mieux qu'autrefois. Dans ces conditions, peut-être nos enfants verront-ils les vignobles que nous avons organisés encore florissants et fructifères, en admettant toutefois que nous nous soyons toujours placés dans des conditions avantageuses de résistance au phylloxera, et à la chlorose, non moins redoutable.

Peut-être même des conditions, médiocres au début, sont-elles susceptibles d'une amélioration graduelle, motivée par des phénomènes d'adaptation réciproque. Dans les bons sols, toute combinaison réussit, et ce n'est que dans les terrains plus ordinaires que l'affinité mutuelle du cépage sujet au cépage greffon prend une grande importance. On ne peut rien énoncer de précis sur une question incomplètement étudiée.

Comment calculera-t-on la quantité d'engrais que doit recevoir à chaque fumure périodique une vigne bien soignée pour être convenablement alimentée ? Le procédé est bien simple... sur le papier du moins. On calcule le poids des sarments coupés en hiver, celui des feuilles à moitié desséchées dont « l'automne aura jonché la terre » ; on apprécie également, ce qui est beaucoup plus aisé, la quantité de vin, de marc, de lie obtenue. Comme la composition chimique de chacun de ces organes détachés, de chacun de ces produits utilisés, est parfaitement connue, des agronomes comme M. Marès, puis M. Müntz, ont pu se rendre compte du poids exact de l'azote, de l'acide phosphorique, de la potasse, arraché à la plantation, et par suite indiquer la dose nécessaire d'azote, d'acide phosphorique, de potasse, que l'engrais chimique ou le fumier de ferme doit annuellement restituer au vignoble étudié (1). Il convient même de ne pas être avare d'éléments fertilisants et de rendre au végétal un peu plus qu'il n'a emprunté dans le sol.

Ainsi, par exemple, un vignoble du Midi, d'un hectare d'étendue, planté en sol moyen et produisant bon an mal an 75 hectolitres, perd d'une récolte à l'autre 37 kilos d'azote, 10 d'acide phosphorique et 28 de potasse, que l'agriculteur doit restituer au terrain sous peine d'en épuiser les réserves. S'il s'agit d'un vignoble de la même zone à grande production, c'est-à-dire rapportant 100 hectolitres à l'hectare, le taux d'azote soustrait (74 kilos) double purement et simplement, celui de l'acide phosphorique (17 kilos) augmente moins, mais celui de la potasse s'accroît bien davantage et saute brusquement à 71 kilos. En effet, tout en s'éliminant par les raisins, l'azote et l'acide phosphorique disparaissent surtout dans les sarments et les feuilles. Leur disparition se proportionne à la puissance végétative naturellement supérieure dans un

(1) Müntz et Ch. Girard, *les Engrais*, 1888-1891.

plantier de terrain riche. Mais le taux de production des fruits d'où l'agriculteur retire le vin, les lies, les marcs, s'exagère encore davantage dans les sols à grande fertilité, et il en résultera de graves pertes en potasse. Les deux vignobles envisagés exigeront donc des fumures inégales en poids et de composition différente. Dans les terrains très productifs, on ménagera donc l'acide phosphorique et on forcera la dose de potasse.

Nous devons avouer que les théories récentes de M. George Ville, recommandant l'usage d'engrais sans azote, si ingénieuses qu'elles soient, n'ont pas trouvé de partisans chez les viticulteurs du Midi. Tout le monde a été d'accord pour proclamer l'impérieuse nécessité de bonnes fumures azotées, d'azote organique surtout, malgré la thèse séduisante qui consiste à montrer la vigne puisant dans l'atmosphère l'azote « à la régalade ». Cette pittoresque expression n'est point absolument inexacte, mais elle s'applique à des plantes de la famille des légumineuses. On peut, du reste, faire profiter la vigne de cet azote à bon compte, et depuis longtemps les vignerons du Midi apprécient la vigueur des plantiers organisés sur défoncement de luzerne ou de sainfoin. Il est clair, au surplus, comme l'a fait très justement observer M. Paul Sabatier, professeur à la Faculté des sciences de Toulouse (1), que les fumures azotées ne produisent souvent sur la vigne qu'un effet à peu près nul, et cela pour une raison bien simple, c'est que le sol en contient déjà une dose suffisante, et peut-être que ce fait a induit en erreur plus d'un agronome praticien insuffisamment renseigné.

Il en de même de l'acide phosphorique. Lorsque cet élément fait défaut, des applications d'engrais phosphorés peuvent produire des améliorations des plus utiles ; ainsi dans les vignobles submergés de l'Aude, on est parvenu à relever sensiblement le titre alcoolique des vins, et, dans le Bordelais, à rendre les produits, non plus riches, mais plus stables.

En ce qui concerne la potasse, tout le monde est d'accord pour prôner l'utilité de cette base. Cependant la dose prescrite autrefois, 200 kilogrammes par hectare tous les deux ans, est un peu forte, et 150 kilogrammes bisannuels suffisent, de l'avis de tous. Le viticulteur trouve son avantage à servir la potasse à

(1) Paul Sabatier, *Leçons élémentaires de chimie agricole*, Paris, 1890.

ses vignes, sous forme de carbonate potassique. Malheureusement ce sel est hygrométrique et l'humidité qu'il absorbe, en augmentant le poids de la matière, favorise les erreurs et les fraudes.

Nos pères, on le sait, éprouvaient une forte répugnance à fumer les terres productrices de bons crus. Aujourd'hui, et avec raison, on a renoncé à une exclusion trop sévère et absolue, et, excepté un très petit nombre de vignobles hors ligne, chacun est d'avis qu'une fumure modérée ne saurait nuire à la qualité du vin. Quelques viticulteurs se demandent encore s'il est réellement avantageux de fumer les vignes plantées en terrain maigre. La question peut être résolue par l'affirmative, à la condition, bien entendu, de ne pas aller trop vite, et d'améliorer lentement le sol par des applications régulières et progressives d'engrais approprié.

Situation économique des vignobles du Midi. — De quelque temps encore nous ne saurons pas quelle peut être la situation générale économique des propriétaires de vignobles reconstitués, rapportée à leur ancienne condition, avant le phylloxera. Presque partout, en France, les plantations sont trop récentes et trop éparpillées pour qu'on puisse formuler une opinion sérieuse. Mais dans l'Hérault, où l'œuvre destructive n'a pas été moins brutale que la régénération n'a été prompte, les données du problème se simplifient, et il est permis d'arriver à des conclusions irréprochables.

Les chiffres de dépenses sont doublés par rapport aux anciens frais, et l'on n'est pas revenu aux taux de production atteint en 1874.

Suivant M. Henri Marès, la différence porte principalement sur les remplacements des ceps morts et rabougris (100 francs par hectare), — sur la fumure plus fréquente qui doit se renouveler non plus tous les quatre ans, mais tous les deux ans (75 francs par hectare), — sur le traitement contre le *mildew* et les *rots* par le cuivrage (50 francs par hectare), — sur les ravages de la chlorose, des insectes, du froid, auxquels les vignes greffées résistent moins que les vignes « de fonds ». Les frais de culture se montent donc à 700 francs par hectare et par an. En tenant compte des frais de vendange et de vinification pour 50 hectolitres (125 francs), des impositions, de l'intérêt du capital engagé et de l'amortissement de ce capital, on arrive à 1,105 francs! Quant aux frais de reconstitution, en voici le détail : *Première année :* défoncement à $0^{m},40$ de profondeur, 500 francs; plantation de 4,000 ceps à l'hectare, 250 francs; labours, quatre façons, 242 francs; frais divers, 50 francs. Total: 1,042 francs. — *Seconde année :* greffage, nettoyage des rejetons, buttage, labours, visite des racines, sulfatages, soufrages, triage du chiendent, etc., 600 francs. — *Troisième année :* montant des dépenses, 568 fr. A ces frais, qui s'élèvent à 2,200 francs environ, il faut ajouter l'intérêt du capital représenté par la terre et les dépenses de chaque année. La reconstitution devient plus onéreuse encore lorsque l'on plante sur des sols pierreux ou rocheux. Nous ne parlons pas même des frais de reconstitution des celliers : bâtisses, futailles, pressoirs, pompes, dont l'ensemble, calculé sur une récolte de 50 hectolitres, se monte à 1,000 ou 1,200 francs par hectare. L'éminent agronome conclut ainsi : « Ce sont des frais à n'en plus finir; il ne faut pas se bercer d'illusions à cet égard. Des prix de 20 à 25 francs par hectolitre à la propriété peuvent seuls lui permettre de couvrir ses frais. C'est pour cette raison que nous devons nous défendre, à l'extérieur, contre les importations étrangères ; à l'intérieur, contre les fraudes. »

On peut estimer à 2,200 francs, valeur minima, le taux de reconstitution d'un hectare de vignes américaines greffées. Chaque année, les seuls frais de labour s'élèvent à 240 francs, et il faut tenir compte des maladies nouvelles qui assaillent sans cesse le malheureux arbuste et imposent au vigneron des dépenses obligatoires, inconnues de ses devanciers, et cela sans préjudice des anciens soins, qu'on ne peut pas négliger.

MALADIES DE LA VIGNE. — Les antiques fléaux sont bien connus (1). D'abord l'*oïdium*, dont l'origine américaine, grâce aux études de M. Couderc, d'Aubenas, est parfaitement démontrée. Ce parasite se manifeste d'abord sous la forme de petites taches produites par une poussière blanchâtre qui envahit les feuilles, les fruits et les sarments. Bientôt ces taches se confondent, deviennent brunâtres et altèrent les tissus. Les feuilles tombent alors prématurément, les fruits se vident, se

(1) Voy. E. Dussuc, *les Ennemis de la vigne et les moyens de les combattre*, 1894 (Bibliothèque des Connaissances utiles).

dessèchent et s'entr'ouvrent, les sarments se flétrissent et s'arrêtent dans leur développement. Le seul traitement efficace est de répandre sur la vigne malade du soufre pulvérisé de bonne qualité. L'*oïdium* nous guette toujours, et, s'il est aisé de le combattre, il serait plus qu'imprudent de le croire disparu à tout jamais et de négliger les soufrages dont l'effet sur la végétation est des plus salutaires. Puis le *mildew* (*Peronospora viticola*), encore un cadeau dont l'Amérique nous a gratifiés, le mildew se développe seulement sur les organes verts, rameaux herbacés, jeunes fruits et notamment sur les feuilles (1) ; il apparaît à la face inférieure de celles-ci sous la forme de taches couvertes d'une poussière blanche, semblables parfois à du sucre ou à du sel finement pulvérisé. Ces taches s'agrandissent de plus en plus, entament le tissu intérieur, envahissent entièrement les feuilles, qui brunissent, se dessèchent et tombent. Leur face supérieure prend en même temps une teinte jaune, puis brune. Les grains atteints se vident complètement et se détachent. Les conditions favorables au développement du mildew

(1) Couderc, *Notice sur le traitement du Mildiou et des Rots de la vigne*, 1889.

sont la chaleur suivie d'une grande humidité causée par les brouillards, les petites pluies, les vents marins, les rosées abondantes, auxquelles succède le soleil.

Le *Blackrot*, dangereux dans la Haute-Garonne, semble heureusement se guérir par les mêmes remèdes que le *mildew*. Ce champignon, originaire d'Amérique, se développe surtout sur les grains de raisins (1). La première attaque ne se manifeste que quelque temps avant la véraison. Elle se révèle d'abord par une petite tache circulaire; celle-ci grandit et prend rapidement une teinte rouge livide. Au bout d'un à deux jours, tout le grain est altéré ; il devient alors d'un rouge brun livide; bientôt après, il se vide, se flétrit et se dessèche complètement, en prenant une coloration noire très foncée à reflets bleuâtres. Le Blackrot ne s'observe qu'exceptionnellement sur les sarments et sur les feuilles. Les effets de la maladie sur ces organes sont insignifiants, mais ils sont désastreux pour les fruits.

L'anthracnose, connue de toute antiquité, peut fort bien être traitée préventivement en hiver et paraît même pouvoir se maîtriser lorsqu'elle se déclare en

(1) Voy. Viala et Ravaz, *le Black-Rot*, 1888.

été ; on a observé que ses ravages s'attaquent principalement à certaines espèces et en épargnent d'autres. La sulfate de cuivre, qui joue un si grand rôle dans la lutte contre le *mildew*, comme anticryptogamique, sert actuellement, en Suisse, à défendre les racines des souches contre certains champignons parasites dont les ravages souterrains causent plus de mal que le *peronospora*, car les dégâts en sont irréparables ; seulement il faut enfouir le sel préservateur, au lieu d'en asperger la feuille.

Malheureusement, on a signalé, l'année dernière, sans pouvoir indiquer aucun remède, deux maladies nouvelles très graves qui ne sont connues jusqu'à présent que par les dégâts qu'elles causent. D'abord la maladie de Californie, qui a détruit près du Pacifique des vignobles entiers, et pourrait très bien nous envahir un jour ou l'autre, malgré les précautions qu'on a prises pour empêcher l'introduction des cépages californiens ; puis un autre fléau encore innommé, qui a pris naissance simultanément l'année dernière dans le Var, le Gard et l'Hérault et amène la mort de la souche à bref délai. Assurément on se passerait d'avoir des fléaux à guérir, mais il est indiscutable que depuis ces trente dernières années la véritable tempête de maladies qui s'est déchaînée sur l'infortuné végétal a eu pour résultat d'obliger les savants à creuser sous toutes ses faces la physiologie des Ampélidées, et il est permis d'espérer, sans être trop optimiste, que, la nature de l'accident une fois bien connue, le remède à suivre s'imposera de lui-même, sans trop longues expériences et peut-être sans tâtonnements.

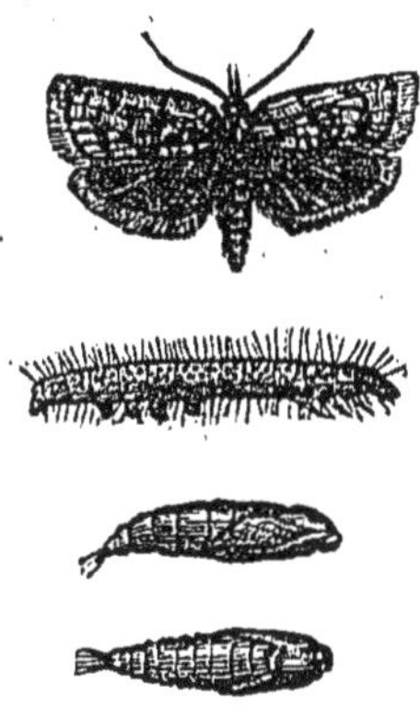

Fig. 13. — *Pyrale.*

Parmi les insectes ampélophages, la pyrale (*Œnophthira pilleriana*) a commis et commet encore des dégâts (1) (fig. 13).

(1) Voy. Audouin, *Histoire des insectes nuisibles à la vigne et particulièrement de la Pyrale.* Paris, 1840-1842. — Montillot, *les Insectes nuisibles*, p. 1.

Les œufs ovales, de coloration variant entre le vert tendre et le gris noirâtre, sont déposés par les femelles en minces plaques à face supérieure des feuilles. Chaque tache renferme 60, 80 et même 200 œufs imbriqués et agglutinés par un liquide visqueux. A leur naissance, les chenilles n'ont que 2 millimètres ; lorsqu'elles ont atteint toute leur taille, elles mesurent à peu près 3 centimètres. Elles ont alors une coloration verdâtre qui tourne au jaune sur les côtés. L'éclosion a lieu à l'automne. Très agiles, les chenilles à l'approche des frimas se suspendent à des fils de soie qu'elles secrètent et, balancées par le vent, s'accrochent au premier tronc sur lequel les porte la fortune. Là, elles se glissent sous l'écorce, se filent une coque de soie blanche sous laquelle elles passent l'hiver, engourdies, pour attendre que les premiers beaux jours fassent épanouir les bourgeons. Alors d'un réseau de fils soyeux elles enveloppent les feuilles à peine naissantes et les grappes embryonnaires.

La chrysalide, brune, donne le jour, du 10 au 20 juin, au papillon dont la vie est éphémère. Pendant une dizaine de jours, il passe en voltigeant d'un cep à l'autre. C'est surtout dans les bas-fonds ou sur les versants des coteaux qu'on le rencontre, s'élevant peu au-dessus du sol, restant immobile dans la journée et se cramponnant aux feuilles dès que le vent souffle. Une fois l'œuvre de reproduction accomplie, le sort de la progéniture assuré, l'insecte parfait meurt.

Fig. 14. — *Altise* (*Altica ampelophaga*).

On la redoute particulièrement dans les vignes françaises de sable d'Aiguesmortes. De l'autre côté du Petit-Rhône, les altises ravagent les vignobles de Camargue, au point de rendre la lutte difficile.

L'altise, pucerotte (*Altica ampelophaga*) (fig. 14), petit coléoptère d'un vert bleuâtre métallique, pond ses œufs sur les revers des feuilles en une ou plusieurs plaques séparées. Au bout de sept à huit jours, l'œuf donne naissance à de petites larves noirâtres qui se nourrissent de feuilles. Arrivées à tout leur développement vers le milieu de juin, elles descendent au pied des vignes, s'introduisent dans la terre et s'y nymphosent.

Autrefois, en Languedoc, on se plaignait beaucoup du *gribouri* ou *écrivain* (*Eumolpus vitis*) (fig. 15). La ponte a lieu en juillet au pied des ceps ; les jeunes larves, blanchâtres d'abord, brunes plus tard, se répandent sur les racines et ont atteint vers la fin

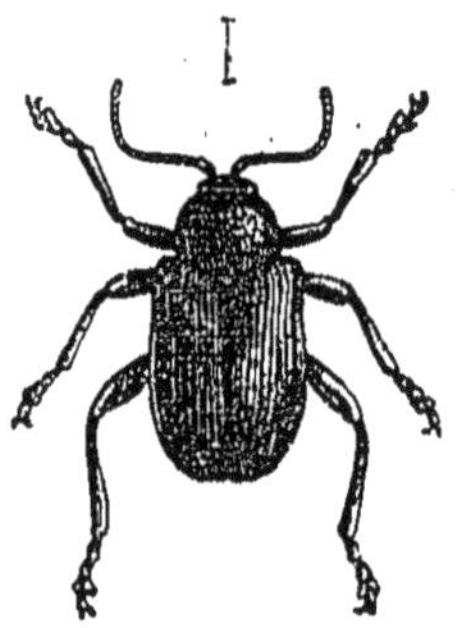

Fig. 15. — *Eumolpus vitis.*

d'octobre la taille de 8 à 10 millimètres. Elles s'attaquent de préférence aux racines horizontales, de la grosseur du petit doigt. Après avoir passé l'hiver en terre, elles se montrent au printemps sur les premières feuilles (fig. 16), se nourrissent des jeunes pousses et même des grappes à peine formées. En mai, elles se transforment, et dès lors c'est l'insecte parfait qui continue l'œuvre de dévastation. Sur les feuilles qui le nourrissent, il laisse des traces caractéristiques de son passage. Ce sont ces dessins irréguliers qui lui

Fig. 15. — *Feuille de vigne attaquée par l'Eumolpus vitis.*

ont fait donner le nom « d'écrivain ». Les feuilles ne lui suffisent pas, il lui faut aussi le grain dont il ronge la peau, déterminant ainsi des fissures qui empêchent le raisin de grossir et de mûrir.

Ce coléoptère vole rarement; on ne peut le saisir qu'avec précaution, car, au moindre bruit, il se laisse tomber à terre.

Ce petit animal, nuisible aux racines comme le phylloxera, commettait des ravages dans nos vignobles; il peut se combattre par le sulfure de carbone comme lui, et comme lui, respecte les racines des vignes américaines qu'il trouve trop coriaces à son goût. En revanche, les pousses souterraines encore blanches des jeunes greffes offrent une pâture de choix à d'autres insectes : l'opâtre, le taupin obscur et une araignée très nuisible aux plantations nouvelles. Mais nous préférons nous contenter de cette esquisse générale et renvoyer pour les détails aux livres de MM. Maurice Girard, Montillot et Dussuc (1).

Ajoutons seulement qu'au point de vue de la défense contre le phylloxera des souches françaises que ne

(1) Maurice Girard, *Traité élémentaire d'entomologie, comprenant l'histoire des espèces utiles et de leurs produits, des espèces nuisibles et des moyens de les détruire*, Paris, 1879, t. I. — H. Montillot, *les Insectes nuisibles aux forêts, aux céréales, à la vigne*, etc. — Dussuc, *les Ennemis de la vigne*, Paris, 1894 (Bibliothèque des Connaissances utiles).

garantissent ni l'eau ni le sable, le sulfure de carbone

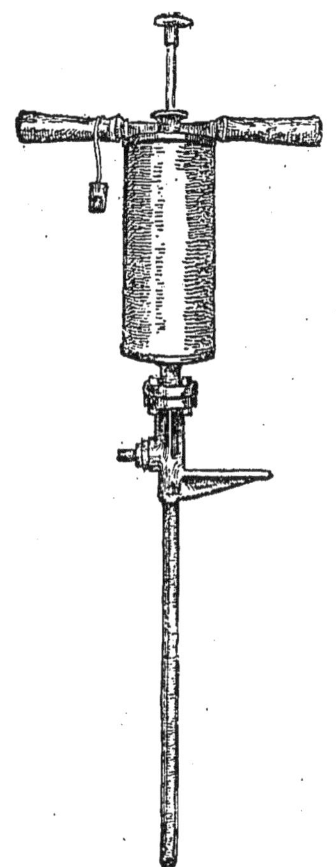

Fig. 17. — *Pal Gastine.*

servant à l'injection du sulfure de carbone au pied des ceps phylloxérés.

trouve encore son emploi, mais appliqué exclusivement avec le pal (fig. 17), non avec les charrues sulfureuses.

D'une manière générale, les pals se composent d'un réservoir en zinc ou en laiton dans lequel on verse le

Fig. 18. — *Traitement d'une vigne phylloxerée par le sulfure de carbone.*

sulfure de carbone ou tout autre insecticide liquide. A l'intérieur, un corps de pompe dans lequel se meut un piston comprime une certaine quantité de liquide dosée par le diamètre du tube et la course du piston.

Sous la pression de ce dernier, un clapet s'ouvre et débouche l'orifice d'un long tube canalisé qui pénètre en terre. Une ouverture pratiquée près de l'extrémité acérée laisse échapper la dose poussée par le piston. Deux manettes et une pédale servent de point d'appui à l'ouvrier pour enfoncer l'instrument dans le sol. Mais dans les terrains compacts, il faut, au préalable, préparer le trou à l'aide d'une sorte de barre à mine que l'on nomme avant-pal. C'est d'après ces données générales qu'est construit le pal Gastine.

La figure 18 représente une équipe d'ouvriers manœuvrant des pals.

En général, les appareils destinés aux traitements insecticides ou anticryptogamiques tendent à se restreindre en nombre, le public recherchant de plus en plus quelques types reconnus meilleurs et délaissant les autres.

SECONDE PARTIE

LE VIN

I

VENDANGES ET VENDANGEURS

Débarrassons-nous, et sans regret, d'une énumération affligeante de maladies de la vigne. L'heure des vendanges dans le Midi est enfin sonnée. Nous essaierons de donner aux lecteurs de ce livre une idée de cette opération, entrevue sous son côté pittoresque, examinée sous son côté technique. La question a beau être vaste, le sujet plein d'intérêt, ce même sujet s'est tellement compliqué depuis quelques années qu'on nous permettra d'en élargir la base en parlant de pratiques dont l'emploi à cette heure est encore trop restreint dans les celliers méditerranéens.

LES VENDANGEURS DANS LA RÉGION DE MONTPELLIER. — Quand arrive à Tamariguière l'époque des vendanges, il faut à tout prix se procurer un personnel transitoire, fort nombreux. Poser une règle absolue au sujet du recrutement de ces troupes est chose impossible. Choisissons comme exemple l'automne de 1890 : 430 personnes des deux sexes avaient été engagées pour Tamariguière dans la banlieue d'Uzès (Gard), à Saint-Pargoire (partie basse de l'arrondissement de Lodève), à Viols (partie haute de l'arrondissement de Montpellier). Les femmes et les hommes les moins actifs coupent les raisins ; ils reçoivent pour ce travail 1 fr. 50 par jour ; on leur fournit la soupe du soir et un quart de litre de vin (le tout équivalant à un salaire quotidien de 2 fr. 15). Lorsque le seau que chaque coupeur ou coupeuse transporte avec lui est plein de grappes, on le vide dans un récipient de bois appelé « cornue »; les seaux apportés par deux ou trois coupeurs suffisent à remplir la *cornue*. Un homme soulève celle-ci et la place sur la tête d'un autre ouvrier appelé « porteur », lequel se dirige vers la *pastière* ou *tombereau de vendanges* et, se baissant quelque peu, vide son chargement par un mouvement de bascule. Naturellement, l'office de porteur, tout comme celui de l'individu qui les aide à charger la cornue, étant assez pénible, est bien rémunéré. Un porteur gagne 2 fr. 50 en sus de sa nourriture. De temps à autre on voit, dans la cour du domaine, un travailleur de la veille grelotter dans un coin; le pauvre diable est en proie à un accès de fièvre; il n'a qu'à repartir au plus vite. Après le repas de la fin du jour, consommé dans un grand réfectoire, les vendangeurs vont se reposer dans plusieurs vastes dortoirs. On accède par une échelle à ceux consacrés aux femmes, ils comportent simplement une série de niches, bourrées de paille fraîche. Des bancs constituent le seul mobilier. Le tout est primitif, mais propre. Une chapelle fait partie du domaine; le dimanche, on en ouvre les portes qui donnent sur les caves, et le nombreux personnel employé à Tamariguière peut remplir ses devoirs religieux.

Le même automne, à Guilhermain, deux cents femmes, groupées en quatre « colles », sont venues prendre part à la cueillette des raisins; la commune de Mauguio, à elle seule, avait fourni le quart de cet effectif; le reste était descendu soit des environs de Lodève, soit du canton d'Aniane (arrondissement de Montpellier); soixante à soixante-dix hommes remplissaient l'office de porteurs moyennant 3 fr. 50. Toutes les coupeuses ont reçu 1 fr. 75 par jour. Cette rémunération s'appliquait uniformément à tous les travailleurs, qu'ils fussent étrangers à Mauguio, ou loués dans ce bourg. En revanche, les « colles » venues de « la montagne » remplissaient, après le départ des ouvriers locaux, une tâche supplémentaire d'une demi-heure. Comme dédommagement d'un pareil surcroît de besogne, les Cévenols recevaient du vin à raison de 1 litre par femme et par jour et de 2 litres par homme. Quant à la soupe dont ils fournissaient eux-même les ingrédients, la *maire* la leur préparait moyennant une faible indemnité journalière de 0 fr. 10 par tête, que les vendangeurs prélevaient sur leur salaire.

Depuis cette époque, les circonstances ne se sont guère modifiées. Aux centres de recrutement déjà mentionnés, il suffit d'ajouter la petite commune de Saint-Bauzille-de-la-Silve du canton de Gignac (arrondissement de Lodève). Une hausse s'est produite dans les salaires distribués à raison de 4 et 2 fr. lors des vendanges de 1893.

CUEILLETTE ET TRANSPORT DES RAISINS. — En général, dans le bas Languedoc, les vendangeuses détachent les raisins de la souche au moyen de ciseaux, si la végétation n'est pas trop forte, de sécateurs ou de serpettes dans le cas contraire. On accumule les fruits dans des seaux en métal de façon à ce que les grains puissent être sans inconvénient froissés et écrasés, ne fût-ce que sous l'influence de leur propre poids. Certains raisins qu'on cultive en vue d'obtenir des vins blancs offrent l'inconvénient, lorsqu'ils sont bien mûrs, de s'égrener facilement : tels sont la Clairette et surtout le Picpoul. Aussi, dans le terroir de Marseillan, pour ne rien laisser perdre, on a l'habitude de se servir d'un plat pour recueillir les grains qui se détachent de la grappe au moment où on la coupe. On accumule, nous l'avons vu, les contenus de plusieurs seaux dans des *banastons* ou *cornues*, sortes de vases en bois cerclés de fer que le « porteur » charge sur sa tête protégée par un grossier coussin garni de paille. On a reconnu que la forme ovale du banaston favorisait la décharge, soit dans la comporte, soit dans le tombereau (1).

Ici deux écoles se trouvent en présence : dans certaines régions, dans certains cas, le véhicule qui charrie les raisins du vignoble aux caves transporte un récipient unique, la *pastière* ou tombereau de vendange; tantôt il voiture une série de *comportes* ou *baquets*.

Les tombereaux de vendanges s'emploient depuis longtemps dans le territoire de Montpellier, et leur usage exclusif tend à se généraliser, surtout dans les grandes exploitations. Autrefois, ils se constituaient de gigantesques auges en bois, dont la pesanteur chargeait les attelages d'un poids mort considérable. A présent ce sont de légers récipients à parois de toile maintenues par un simple cadre en bois. Mais les perfectionnements vont plus loin : aujourd'hui, la plate-forme du tombereau porte des rails mobiles, et la pastière en toile, montée sur quatre roues, est devenue un élégant wagonnet.

Les comportes conviennent mieux aux petites

(1) Dans certaines exploitations du Narbonnais, on commence à faire usage de hottes en fer blanc maintenues par des bretelles sur le dos du porteur.

exploitations : on s'en servait jadis dans le Narbonnais de préférence aux pastières. Elles présentent l'avantage d'être plus faciles à manier et à décharger et rendent encore de grands services dans les domaines où les chemins sont mauvais ou mal tenus.

II

LES ANCIENNES CAVES DU MIDI DE LA FRANCE

LA VINIFICATION PRIMITIVE. — Ayant suffisamment insisté, ce nous semble, sur l'intéressant et pittoresque tableau de la vendange, celui de la cueillette, nous prendrons les tombereaux ou les cornues au moment précis où cornues et tombereaux abandonnent leur cargaison de grappes dorées ou violacées. Il n'est pas sans intérêt de montrer comment les choses se passaient, dans les grands domaines du Languedoc, au bon vieux temps, et comment les caves sont encore constituées dans nombre de petits ou de moyens vignobles.

La *pastière* (1) bourrée de fruits s'arrêtait devant

(1) Les cornues étaient soulevées au moyen d'une corde enroulée sur une poulie et se déversaient dans la cuve par bascule.

une fenêtre extérieure percée au-dessus des cuves, généralement disposées par paires, bâties en maçonnerie et revêtues de carreaux vernis. Un manœuvre, pataugeant dans la pastière, en extrayait le contenu avec une fourche et projetait les grappes plus ou moins meurtries sur un plan incliné en bois, le long duquel elles glissaient jusqu'au plancher de la cuve ; sur ce plancher, constitué par des lattes en bois juxtaposées, un homme « trouillait », pieds nus, *nudataque... dereptis crura cothurnis*, ou chaussé de vieilles savates de rebut s'il avait peur de se blesser en écrasant quelque colimaçon oublié. Le jus découlait en pluie dans la cuve à travers les insterstices des planchettes ; il se mêlait bientôt aux seaux de moût recueillis au fond de la pastière déchargée. A la fin, on enlevait quelques-unes des pièces de bois et, au moyen d'un râteau, on précipitait dans la cuve la rafle humide (1).

Conformément aux vieux principes, le raisin, une fois introduit dans le récipient, y cuvait tout à son

(1) Nous négligeons volontairement tout ce qui concerne les pressoirs, nous réservant de parler un peu plus loin de la disposition et du rôle de ces appareils.

aise durant plusieurs semaines. En Provence, pays voisin du Languedoc où les vieux usages, autrefois communs aux deux rives du Rhône, s'étaient pieusement conservées, on ne décuvait parfois qu'à la Noël, il y a trente ou quarante ans. Quoi qu'il en soit, lorsqu'on ouvrait le robinet de vidange de la cuve, le vin fait se filtrait grossièrement à travers un paquet de sarments maintenu au fond du bassin par une pierre suffisamment lourde, et s'écoulait dans un récipient inférieur appelé *conquet*. Avec le liquide pétillant puisé dans le conquet, on emplissait des cornues, que deux hommes saisissaient chacun par une « oreille » et transportaient (comme des militaires punis s'acquittant d'une corvée que nous ne voulons pas nommer) jusqu'au baquet d'une pompe mobile. Cette pompe, mise en mouvement par le bras d'un ouvrier, refoulait la précieuse liqueur dans un tuyau recourbé à angle droit jusqu'au niveau de la bonde supérieure « du foudre » (1). Enfin, le vin, pressé par le

(1) Expression, tirée de l'allemand *Fudder* (Littré). A noter aussi l'origine allemande des lettres conventionnelles F et H qui servent aux ouvriers de Montpellier, pour distinguer, lorsque le foudre est démontré, les douelles du devant (*Forne*) de celles du derrière (*Hinten*).

piston, se dégorgeait dans son logement définitif.

Les foudres. — Faut-il décrire, à l'usage des personnes étrangères au Midi de la France, le foudre bas-languedocien (fig. 19), dont la structure, presque indépendante des dimensions absolues, persiste invariable depuis bien des années? Il est limité par des flancs arrondis, cerclés de fer. Les fonds en sont concaves pour mieux résister à la pression intérieure, deux couples de traverses avec barres transversales, le tout figurant un ⌶ couché, assurent la solidité de l'ensemble.

En pratique, le coût d'un foudre neuf ou usagé se proportionne exactement à sa contenance. Vu la complication de la forme, ce n'est pas chose facile que d'estimer cette capacité avec justesse. En pareil cas, plutôt que de recourir aux règles posées par Oughtred ou autres qu'on expose dans les cours usuels de géométrie, il est plus simple de s'en rapporter à l'expérience et d'attendre le premier *dépotage*.

Au bas du foudre s'ouvre la porte, découpée en forme de cintre ; elle se serre ou se desserre au moyen d'un écrou qu'on manœuvre de l'extérieur. Une fois rabattue ou dedans, la porte peut s'enlever et, par l'ouverture béante, un homme, même assez corpulent, peut s'introduire dans le récipient pour le nettoyer ou le détartrer, au grand ébahissement de ceux qui ne connaissent pas le tour de main fort simple qui permet à l'ouvrier de franchir cet étroit passage.

La porte étant rajustée et graissée sur tout son pourtour de manière à éviter toute déperdition de liquide le long de son raccordement avec le fond, et la bonde percée dans la porte étant soigneusement aveuglée par un bon bouchon de liège, on pouvait, en toute sécurité remplir le récipient comme nous l'avons dit. Fallait-il *dépoter* ou enlever le liquide : on repoussait vers l'intérieur le bouchon de la bonde et le vin jaillissait en filet pourpré. On procédait au mesurage, lors de la vente, au moyen d'un vase appelé « velte » qui servait à remplir les barils de l'acheteur. Cette opération longue et minutieuse (la velte contenait 10 litres), source de contestations et de fraudes, clôturait la série des manœuvres pratiquées dans les anciennes caves.

Fig. 19. — *Foudre du bas Languedoc*, d'après une photographie communiquée par la Compagnie des Salins du Midi.
Vers le bas du foudre se trouve la porte. Au clapet de remplissage est ajusté le tuyau qui raccorde le foudre à la pompe, vers la droite.

III

LES GRANDS CELLIERS ACTUELS. VINS ROUGES

Celliers et foudres. — Nous passerons à l'examen du matériel perfectionné des exploitations les plus importantes.

Les celliers actuels constituent de vastes bâtisses de forme rectangulaire (fig. 20), souvent isolées du reste des constructions de la ferme. Le grand axe est généralement dirigé dans le sens du méridien, quoiqu'on puisse citer d'assez nombreux exemples d'une autre orientation motivée par les convenances locales. Le point essentiel est que le cellier puisse être abrité contre les rayons cuisants du soleil du midi et qu'aucune ouverture trop large ne soit percée vers le sud. Comme de trop grandes portes coûteraient fort cher et laisseraient filtrer la chaleur dans la cave, on préfère ménager dans l'une des murailles une large ouverture qu'on bouche provisoirement avec des matériaux de rebut quand on construit le cellier. Lorsque la nécessité s'en fait sentir, par exemple lorsqu'il

Fig. 20. — Celliers du domaine de Villeroy (figure empruntée à la *Revue générale des sciences*, dirigée par M. Louis Olivier).

s'agit d'introduire des foudres supplémentaires, ou dans quelques circonstances très rares, on dégage l'accès de la cave en démolissant la paroi sacrifiée, qu'on rebâtit ensuite à peu de frais, une fois le remaniement accompli.

Deux enfilades de foudres occupent toute la longueur du cellier, ou celle de chaque travée si le cellier en comporte plusieurs, comme au domaine de Villeroy, près Cette, exploité par la Compagnie des Salins du Midi. Les axes des foudres, parallèles entre eux, se trouvent naturellement placés suivant la plus petite dimension de la cave. Il est bien entendu, et pour des raisons que l'on n'a pas besoin d'expliquer, que les récipients ne se touchent pas mutuellement et s'écartent un peu de la paroi à laquelle ils sont adossés. Il faut aussi éviter le voisinage du sol ; aussi reposent-ils sur quatre énormes dés en pierre tendre dont chaque couple supporte une pièce en bois qui épouse la convexité des flancs (Voy. fig. 19).

Le moment est venu de parler de la contenance des foudres. Au bon vieux temps elle ne s'écartait guère de 7 à 8 muids (le muid vaut 7 hectolitres). Lorsque, peu d'années avant l'invasion phylloxérique, on inaugura, dans le bas Languedoc, la culture industrielle de la vigne, les dimensions des tonneaux s'agrandirent, et les capacités, conformément à la règle des cubes des accroissements linéaires, augmentèrent bien davantage. A la suite de la reconstitution ultérieure des vignobles, reconstitution qui a favorisé l'établissement de vastes domaines, on a dû construire de nouveaux foudres plus volumineux qu'autrefois. Avides de gagner de la place, désireux de *faire grand* et aussi, il faut bien le dire tout bas, satisfaits de produire de l'effet, les propriétaires du Midi ont quelquefois dépassé le but. Il n'est pas rare que le visiteur surpris contemple des files de récipients de 400, 450 hectolitres, voire même davantage. Telle est la contenance des foudres de la cave de Tamariguière. Diogène, certes, se fût trouvé à l'aise dans l'un de ces gigantesques réservoirs dont un seul suffirait à absorber la récolte entière d'un grand propriétaire bourguignon ou orléanais ; chacun contient 450 hectolitres, et il y en a 98 répartis dans trois immenses caves. A Guilhermain, les deux celliers principaux, flanqués de deux caves latérales plus petites, abritent 62 foudres, plus petits à la vérité que ceux de Tamariguière, mais réunissant encore 370 hectolitres en moyenne.

Même quand il s'agit d'une vente de plusieurs milliers d'hectolitres, on conçoit que l'acheteur éprouve quelque embarras lorsqu'il se voit forcé, à l'époque des enlèvements, d'évacuer un ou plusieurs de ces vastes foudres. Ne pouvant rien vider partiellement, il peut être exposé à prendre malgré lui trop ou trop peu, aussi gêné qu'un caissier dépourvu de monnaie divisionnaire. Il est clair, d'autre part, qu'un retour en arrière n'est plus possible. Pour concilier au mieux les exigences du propriétaire qui, par intérêt, préfère les grands foudres comme moins encombrants que les petits et favorables aux manipulations et celles du négociant qui désire au contraire multiplier ses combinaisons d'enlèvement, on peut s'en tenir à des capacités encore raisonnables de 250 hectolitres en moyenne. Il va sans dire que toute cave doit se compléter par l'adjonction de quelques foudres de dimensions inférieures, destinés à contenir l'appoint de la récolte, à faciliter les *ouillages*, à loger les résidus d'enlèvement, etc.

Lorsque le propriétaire veut vendre son vin, il est tenu de livrer au négociant, avant la conclusion du marché, un échantillon de chacun de ses foudres, et l'acheteur lui-même a souvent besoin d'en prélever d'autres pour les besoins de son propre négoce. Dans les anciennes caves, le courtier ou l'employé de la maison de commerce grimpait au moyen d'une échelle jusqu'au sommet du foudre, et là il puisait avec son *tâtevin* par l'orifice supérieur du récipient. Aujourd'hui le plancher qui domine les rangées de foudres rend l'opération moins pittoresque, mais singulièrement commode. Autrefois, du reste, on avait ajouté, dans le but de faciliter l'opération au foudre tel que nous l'avons décrite, un petit robinet appelé *dégustateur*. Ce robinet, disposé au milieu du foudre et souvent fermé par une grille fermant à clef, se faisait en laiton. L'emploi n'en a jamais été bien pratique parce que le dégustateur, pour peu qu'on l'employât sans le nettoyer à fond après chaque écoulement, s'engorgeait de vert-de-gris. On a essayé aussi d'ajuster au tonneau un tube en aluminium fermé par un obturateur à vis; mais le métal ne résiste pas non plus à l'action corrosive du vin acidulé au contact de l'air.

De nos jours un foudre se remplit par le bas et se vide de même (Voy. fig. 21). A la base de la porte, le trou dont nous avons parlé existe toujours, mais l'antique bouchon a disparu, et c'est un clapet qui assure la fermeture étanche ou permet l'écoulement à volonté. Le clapet se compose d'un simple tube de laiton extérieurement fermé par un bouchon à vis et coupé obliquement du côté de l'intérieur. Une soupape mobile autour d'un axe horizontal se rabat sur sa section inclinée, sous l'action du vin, et s'oppose au passage du liquide. Veut-on faire écouler le contenu du foudre, on enlève le bouchon-écrou, et, sur le pas de vis resté libre, on engage un robinet muni d'une tige qui, pénétrant à l'intérieur, oblige la soupape à se relever. On n'a plus qu'à tourner la clef du robinet, et le vin se dégorge. Lors du remplissage, le même robinet livre passage au flux de vin qu'injecte la pompe (1).

(1) Les foudres se construisent toujours en bois de chêne, qu'on fait venir quelquefois de Trieste, plus souvent de Bourgogne. Le prix d'un foudre après dépotage se règle sur sa contenance. Nous dirons, pour fixer les idées, qu'un foudre neuf, en bois de Bourgogne, coûte de 5 à 6 francs l'hectolitre. Tout d'abord il semble injuste de régler le prix sur la capacité, c'est-à-dire sur le *cube* des dimensions linéaires, alors que le travail de l'ouvrier est sensiblement proportionnel à la surface, c'est-à-dire au *carré* de ces mêmes longueurs. Néanmoins on peut justifier cette règle par la difficulté qu'éprouve en pratique le foudrier à trouver de grandes pièces de bois de facture irréprochable, puis à les travailler et à les ajuster convenablement.

Fig. 21. — *Intérieur du cellier du domaine de Jarras*, d'après une photographie communiquée par la Compagnie des Salins du Midi

Jadis les foudres s'employaient presque uniquement à contenir le vin fait, et rarement ils servaient de cuve mais aujourd'hui leur emploi est toujours double, et ils servent partout à la fermentation de la vendange fraîche. Leur orifice supérieur a été élargi, et, dans toutes les grandes ou médiocres exploitations, un plancher continu à claire-voie contourne trois côtés du cellier, un peu au-dessus des rangées de foudres qu'il domine. Les ingénieurs agricoles discutent même beaucoup sans pouvoir s'entendre au sujet de la disposition de ce plancher.

La première solution a pour elle l'avantage du bon marché, et semblerait très pratique pour les caves moyennes. Elle consiste à faire supporter le plancher qui n'est jamais bien lourd, par les foudres eux-mêmes. Avec une semblable disposition toutefois le viticulteur éprouve de réelles difficultés lorsque, en cas de réparation, ou dans tout autre but, il veut retirer un des foudres de la rangée.

Pour éviter un pareil embarras dans les caves les plus luxueuses du bas Languedoc, on construit un plancher indépendant des foudres, et supporté par une file de colonnes. Dès lors il est relativement aisé de déplacer, démonter, arranger un foudre ou d'en introduire un nouveau. A cela les partisans du premier système répondent qu'il est encore plus simple de défaire une portion du plancher et d'opérer à coudées franches.

Est-il avantageux ou non de construire un plafond au lieu du plancher courant sur les foudres ?

Assurément, cette disposition augmente la fraîcheur de la cave, circonstance fort utile ; elle donne au propriétaire, à peu de frais, un espace considérable dont il peut disposer, soit comme local de débarras, soit comme grenier à fourrage.

Néanmoins, si l'on visite les caves les plus belles et les mieux installées de la région qui nous occupe, on distingue tout de suite en entrant la ferme et la toiture. Le coup d'œil y gagne assurément, mais ce n'est pas pour favoriser le seul regard qu'on évite les plafonds. L'incendie est toujours à redouter, et on fait bien d'éviter les risques qu'entraîne l'entassement de fourrages, ou de matières inflammables dans le voisinage des foudres.

Dans les celliers, le sol n'est pas dallé, on se contente de recouvrir la terre d'un peu de sable ; il est clair qu'en cas de rupture d'un foudre, le contenu en est entièrement perdu si l'accident a lieu la nuit, et largement gaspillé si la catastrophe arrive pendant le jour. Mais pareille malechance n'arrive heureusement que dans des circonstances exceptionnelles, et le propriétaire, s'il calcule toutes choses, n'a pas grand intérêt à daller sa cave, ni à la garnir de rigoles pour recueillir les écoulements éventuels. Et, du reste, le liquide sauvé par ce procédé perd une bonne partie de sa valeur marchande.

CUVAGES, VINIFICATION, PRESSOIRS. — Voyons, maintenant, comment s'utilisent pour le cuvage les foudres alignés dont nous avons parlé tout à l'heure. La vendange fraîche, amenée du vignoble, doit être hissée jusque sur le plancher qui recouvre les foudres, de façon à retomber dans ces récipients par leurs orifices supérieurs. Divers procédés ont été mis en usage pour arriver à ce but.

Nous expliquerons d'abord comment on procède à Guilhermain. La plate-forme de la charrette qu'on amène au milieu des vendangeurs supporte un couple de rails volants système Decauville et, sur ces rails reposent les quatre roues d'un wagonnet en bois garni de toiles et formant pastière. Une fois chargée de raisins, la pastière, juchée sur la charrette, gravit une rampe douce extérieure au cellier. L'effort de l'attelage l'amène ainsi jusqu'à une ouverture disposée au niveau du plancher, à l'extrémité même de la cave. On raccorde les rails volants aux voies fixes disposées sur le plancher, et les ouvriers, dégageant le tombereau de la charrette, le poussent jusqu'au-dessus du foudre qu'il s'agit de remplir. Déjà la trappe du plancher qui recouvre l'orifice a été soulevée, et un entonnoir mobile, construit en bois, a été ajusté dans le trou béant. La décharge s'opère vite et facilement, et, pendant ce temps, un wagonnet vide, en réserve sur une voie d'évitement, a déjà repris la place de son devancier sur la plate-forte de la charrette.

A Tamariguière, près Marsillargues (1), le mécanisme est tout différent. Lorsque le tombereau de vendange a reçu un millier de kilogrammes de raisins, le

(1) A Marsillargues, le cépage dominant est l'Aramon, dont les énormes grains aqueux, garnis d'une peau molle, éclatent sans difficulté et fermentent très bien, sans avoir besoin d'être soigneusement foulés.

charretier qui le dirige se met en marche vers l'usine. Un régisseur, la craie à la main, inscrit un numéro sur un petit tableau noir suspendu à côté de la porte ; chaque tombereau est affecté à une *colle* et il s'agit de vérifier si la *colle*, conduite par un *baile*, travaille avec assez de zèle. La *pastière* chavire, et son contenu se précipite dans une fosse en maçonnerie, inférieure au niveau du sol, remplie de raisins à moitié écrasés, dans laquelle patauge un homme à demi nu, habillé d'un simple sarrau de toile et armé d'une fourche. Quelquefois l'avalanche qui résulte du déversement submerge l'homme jusqu'à la ceinture. Il se dégage en luttant avec sa fourche. Une forte machine à vapeur, actionnant courroies, arbres et poulies de renvoi, souffle et grince sans interruption. On ne peut s'empêcher, au milieu de ce tapage, de faire en soi-même un retour sur le passé ; l'esprit se reporte invinciblement au souvenir des paisibles vendanges classiques auxquelles ont assisté tous ceux de notre génération qui ont grandi dans un pays vinicole : en tout cas, le bruit des organes de machine ne remplace pas avantageusement les accords du violon qui faisait, au bon vieux temps, trépigner en mesure les fouleurs, s'il faut en croire la légende.

Les godets d'une chaîne sans fin, mue par la vapeur, plongent dans la vendange brassée par la fourche du manœuvre ; les grappes, toutes ruisselantes de jus, sont entraînées jusqu'au niveau du plancher d'un premier étage, glissent sur un plan incliné et sont recueillies dans un wagonnet à déversoir. Bientôt le wagonnet est plein à comble; alors, ébranlé sous l'impulsion que lui donne un ouvrier (1), il glisse avec fracas sur les rails du plancher en bois. On l'arrête en face d'une trappe munie d'un entonnoir ; le wagonnet bascule et se vide ; son contenu s'engouffre dans l'entonnoir, traverse le niveau du plancher et se précipite dans le « foudre » où doit avoir lieu la cuvaison. Quant au wagonnet, allégé de sa charge et poussé de nouveau, il retourne à son point de départ, ayant décrit un circuit complet. En somme, c'est la force de la vapeur qui produit ici le travail qu'à Guilhermain on demandait à un moteur animé.

Dans des domaines moins vastes, mais non moins

(1) Autrefois, avant de mettre en mouvement le wagonnet chargé, l'homme puisait dans un sac une poignée de plâtre blanc dont il saupoudrait les raisins. Depuis 1890, le plâtrage n'a plus été pratiqué.

bien tenus que les précédents, la méthode qu'on vient d'expliquer a été très heureusement simplifiée. Il s'agit du domaine de la Brousse, commune de Montpellier. Extérieurement au cellier et parallèlement à son grand axe courent deux lignes de rails faiblement surélevés par rapport au sol du voisinage. Ces rails guident les quatre roues d'un chariot muni de deux cylindres fouleurs destinés à broyer les grappes, d'un récipient de médiocre dimension, et supportant une chaîne à godets qui plonge dans le récipient et s'élève dans un plan incliné, jusqu'au niveau du plancher intérieur. Enfin deux manivelles, latérales et symétriques, permettent de faire fonctionner les broyeurs et avancer la chaîne.

A l'époque des vendanges, on fait rouler le chariot sur les rails jusqu'à ce qu'on l'ait amené vis-à-vis la fenêtre qui débouche dans le voisinage du foudre à remplir. Dès que le tombereau de raisins commence à se décharger, deux hommes vigoureux tournent les manivelles. Grâce à l'effort qu'ils déploient, les fruits s'écrasent entre les broyeurs, puis, une fois tombés dans le récipient, ils sont soulevés par les godets et s'élèvent enfin, tout ruisselants, jusqu'au point culminant de leur course. Au moment où ils retombent, une planche inclinée les reçoit. Ils glissent sur le bois, s'engouffrent ensuite dans l'entonnoir, puis se précipitent dans le foudre préparé en vue de la fermentation.

Dans les caves où l'on traite les raisins noirs en vue de la fabrication du vin rouge, on ne laisse cuver la vendange que fort peu de temps, et la raison de cette habitude nouvelle, si différente de l'ancienne routine, est triple. D'abord la qualité du vin y gagne ; puis, il est plutôt prêt pour la vente. Enfin, avec les énormes productions d'aujourd'hui, on ne saurait agrandir indéfiniment les caves ni trop multiplier le foudres, et il faut absolument que chacun de ceux-ci joue, dans le plus bref délai possible, son double rôle de cuve et de logement. Autrement dit, à peine un foudre d'abord rempli de vendange fermentée a-t-il été vidé et nettoyé qu'il lui faut s'acquitter encore des mêmes fonctions ou se gorger de vin nouveau.

Transportons-nous encore dans les celliers de Ta-

(1) Nous ne citons que pour mémoire l'ascension par pompe ou vis sans fin. Le premier procédé n'est pratique que si l'on emploie l'égrappage. Le second moyen, disent les ingénieurs compétents, absorbe trop de force.

mariguière. Lorsque vient le moment de la décuvaison, le vin nouveau s'écoule par un conduit souterrain jusqu'à un réservoir d'où le piston d'une pompe à vapeur l'injecte dans les tuyaux de distribution qui circulent horizontalement au-dessus des foudres et à hauteur du premier étage. On ouvre un robinet placé au-dessus du foudre que l'on veut remplir ; un sourd grondement retentit et une cascade de vin se dégorge dans le vaste tonneau.

Les foudres, dans chaque cave, se distribuent en deux rangées parallèles au milieu desquelles circulent sur des rails, des wagonnets Decauville. Quand le foudre décuvé ne dégoutte plus, on en dégage le trou d'homme ; un ouvrier, à peine vêtu, s'introduit dans le récipient encore chaud et, trempé de sueur, expulse à coups de fourche le résidu des grappes que ses camarades recueillent dans un wagonnet. Une fois débarrassé de son contenu, rincé à grande eau, nettoyé à fond, le foudre est prêt à recevoir le vin nouveau fabriqué dans un autre récipient. Quant au marc, on le transporte au pressoir, encore tiède et humide, et c'est par l'intermédiaire de la machine à vapeur qu'il est foulé et dépouillé de son jus. Les vins de presse étant ordinairement troubles, on les oblige à se dépouiller sur des filtres en toile. Ainsi clarifiés, ils se mêlent avantageusement aux vins ordinaires, qu'ils renforcent en couleur.

A l'intérieur de l'usine, comme nous l'avons vu, les transports s'opèrent au moyen de chariots roulant sur des rails. Même en plein air, on pourrait voir fonctionner des véhicules de ce genre; pendant la période de la fumure, ils glissent sur des voies provisoires établies au milieu des plantiers et transportent l'engrais nécessaire aux vignes. De cette façon, deux mules seulement tirant des wagonnets chargés de fumier accomplissent un travail dont six ou huit bêtes avaient jadis peine à s'acquitter. Mais l'utilité des chemins de fer agricoles se manifeste bien mieux encore lorsque la récolte une fois vendue, il s'agit de procéder à son enlèvement. Le problème à résoudre était assez épineux. Arrosant un sol absolument privé de cailloux et de pierres, les pluies d'automne rendent impraticables la plupart des chemins; les propriétaires des alentours ont beau suppléer à l'incurie de l'administration et réparer les routes à leurs frais, il suffit d'une journée d'averse et de quelques charrois exceptionnels pour rendre inutiles des travaux tout récemment exécutés. Qu'on songe à la difficulté que présente dans de semblables conditions l'enlèvement des 25,000 hectolitres qu'il faudrait voiturer à 4 kilomètres de distance jusqu'au canal de Lunel. L'installation, à Tamariguière, d'une voie Decauville a fait disparaître l'obstacle comme par enchantement. Le propriétaire, moyennant une faible redevance de o fr. 25 par hectolitre, se charge du transport du vin jusqu'au bateau. On emploie à la traction les chevaux ou mules du domaine, qui sont disponibles une bonne partie de l'hiver et entièrement libres à l'époque des submersions.

Depuis quelques années, la tendance dont nous avons parlé s'est encore accentuée et, dans bien des exploitations agricoles, on préfère ne laisser le jus en contact avec la rafle qu'un jour ou deux, au plus, de façon à obtenir une boisson d'une jolie couleur rosée tenant le milieu entre le vin rouge ordinaire et le vin blanc, tel que celui que produit à Villeroy la Compagnie des Salins du Midi. Ce produit, peu coloré, est aujourd'hui très recherché dans le commerce.

Ainsi, le vin ayant absorbé plus ou moins de matières colorantes achève de cuver dans des foudres d'où il ne doit sortir que pour être enlevé par l'acheteur ou soutiré s'il y a lieu. Les transvasements s'opèrent au moyen de *pompes foulantes mobiles* qu'on promène d'un bout à l'autre du cellier et qui, à force de pression, remplissent les foudres par le clapet, placé, comme nous l'avons dit, vers la base, tantôt sur, quelquefois à côté de la porte. Les pompes fixes avec tuyautage ajusté aux parois de la cuve ont fait leur temps ; outre qu'elles rendent difficiles certaines combinaisons, elles présentent le grave défaut de ne pouvoir être commodément nettoyées, et actuellement, plus que jamais, la propreté la plus scrupuleuse est à l'ordre du jour dans les celliers du Midi. Au contraire, les pompes mobiles, que l'on transporte partout et que l'on peut toujours entretenir, se prêtent admirablement aux opérations courantes. On les complète par des conduits en caoutchouc flexible munis d'ajutages en cuivre que l'on visse sur les clapets. Ces conduits rendent de bons services et n'ont qu'un défaut, celui de coûter fort cher.

Comme les pompes à vins, les *pressoirs* sont fixes

ou mobiles ; mais dans les grandes exploitations, les pressoirs fixes sont la règle absolue. L'appareil était constitué jadis par une *maie* ou base en bois avec une vis de même matière, verticalement dressée au centre de la maie. La construction même du *chapeau* mobile le long de la vis permettait de répartir la pression du centre à la circonférence, et le *sous-marc* remplissait cet office vis-à-vis de la maie. Cet antique instrument faisait beaucoup de bruit et obligeait le personnel de la cave à opérer d'incessantes manœuvres, mais il accomplissait aussi de bonne besogne, grâce à l'élasticité du bois.

Un premier perfectionnement a consisté à substituer à la vis en bois une vis en fer, à filet carré, munie d'un encliquetage combiné de telle sorte que la barre, au lieu d'être enlevée, puis replacée à chaque quart de tour, demeurât toujours fixée au pressoir.

Une seconde amélioration a été inaugurée lorsque l'emploi de maies solidement construites en pierre ou en ciment a permis de supprimer le sous-marc.

On conteste encore aujourd'hui les avantages des pressoirs dits *continus*, qui opèrent sur un petit volume, sur les grands pressoirs, qui agissent lentement sur de grandes quantités à la fois. Comme facteur, le temps semble avoir une influence prépondérante sur l'égouttement des marcs humides.

Les types de pressoirs sont aujourd'hui très nombreux — on peut dire trop nombreux (1) — et c'est à l'expérience des viticulteurs qu'il faudra se rapporter pour choisir entre tous ces types divers, dont les moins bons sont fatalement prédestinés à un complet oubli, malgré leur bizarre mécanisme ou peut-être même à cause de cette bizarrerie. Actuellement, dans les propriétés importantes on se sert de pressoirs à grands volumes, mais il est possible qu'un jour ces majestueux appareils cèdent la place à de simples pressoirs continus. Ajoutons encore un détail : dans les exploitations de Villeroy et de Jarras les pressoirs sont actionnés, non par la force musculaire de l'homme, mais par l'élasticité de l'eau comprimée.

Pour en apprendre davantage, le lecteur devra s'instruire sur place et visiter lui-même ces gigantesques installations viticoles à l'époque de leur pleine

(1) Voy. Cambon, *le Vin et l'art de la vinification;* Paris, 1892, pp. 80 et suiv.

activité, au mois de septembre (1). Il appréciera alors pleinement l'intérêt que présente une organisation combinée grâce à l'union de la technologie la plus pratique avec la science la plus élevée.

On organise quelquefois des celliers à étages superposés d'après un modèle curieux absolument inapplicable aux vastes plaines de la région du bas Rhône, mais qui pourra être utilisé dans le territoire si montueux du département du Var. Tel est le cellier de Vrégille, bâti sur les bords de la pittoresque baie de Cavalaire. La figure 22 montre que le bâtiment s'enfonce bien au-dessous du niveau du sol naturel ou des terres rapportées, ce qui est une excellente condition pour la conservation des vins qui sont logés dans les foudres garnissant les deux étages inférieurs. Les cuves occupent l'étage supérieur.

(1) Nous fournirons quelques chiffres sur les dimensions absolues d'une cave, en choisissant comme exemple la cave de M. Hardon dans les Bouches-du-Rhône.

Longueur du bâtiment, 62 mètres.

Largeur dans œuvre, 11 mètres.

Hauteur du bâtiment du sol au faîtage, 9^{m}50.

Hauteur de la galerie couvrant les rangés de foudres, 4^{m}30.

Hauteur des fermes au-dessus de la galerie, 2 mètres.

Largeur du couloir central, 5 mètres.

Capacité de la cave, 6.400 hectolitres : vingt-six foudres de 200 hectolitres et quatre cuves de 300 hectolitres.

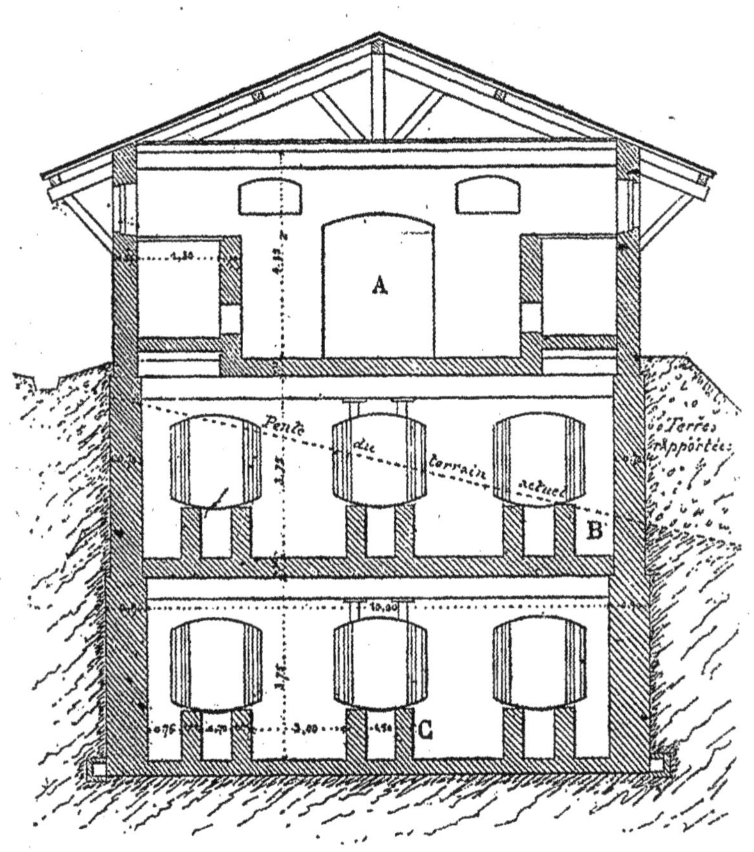

Fig. 22. — *Cellier de Vrégille.*

Les grands celliers du Midi résultent tous d'une fondation récente entreprise à grand renfort de capitaux. Il ne faut pas croire cependant que tout fût mauvais ou médiocre dans les anciennes caves dont on se sert encore souvent dans le bas Languedoc. Moins savamment organisées, elles ont l'avantage d'être aisément perfectibles, et les dernières données de la théorie, comme l'expérience quotidienne, enseignent qu'une transformation intelligente et progressive peut amener, sans frais exagérés, d'aussi bons résultats qu'un bouleversement coûteux ou qu'une création complète.

Nos pères agissaient bien simplement, il y a trente ans, et il est permis de se demander si les procédés passablement routiniers qu'ils suivaient n'ont pas été trop décriés et même, par compensation, n'offraient pas certains avantages. Beaucoup de propriétaires, dans des exploitations très importantes, emploient encore pour la fermentation de la grappe leurs vieilles cuves en maçonnerie, concurremment avec leurs foudres, et ne s'en trouvent pas plus mal. Le piétinement des raisins n'est évidemment plus praticable en dehors des petits ou des moyens domaines, mais il rend de grands services comme procédé d'aérage, et de nos jours viticulteurs et chimistes théoriciens prônent le renouvellement incessant de l'air comme une condition de succès des plus essentielles.

A une autre extrémité de l'échelle, dans les *usines à vins*, où une machine à vapeur travaille jour et nuit, on arrive à d'excellents résultats par une turbine aéro-foulante qui réduit immédiatement en bouillie les grappes de raisin tout en les saturant d'oxygène.

IV

LES GRANDS CELLIERS ACTUELS. VINS BLANCS

Caves de Villeroy. — L'ensemble de l'exploitation de la société des Salins, entre Cette et les Onglous, se rattache à trois centres ou bâtiments distincts, échelonnés le long de la voie ferrée. L'un d'entre eux, le plus éloigné de la ville, se suffit à lui-même ; le second, celui du Castellas, ne comprend que des écuries et des logements pour le personnel fixe ou transitoire ; le troisième, celui de Villeroy, sert d'annexe au vaste cellier commun à toute l'étendue des domaines du

Castellas et de Villeroy. La position des caves est forcément excentrique; mais elle a été déterminée par l'obligation où l'on se trouvait de ne pas construire trop loin des routes charretières, qui toutes s'arrêtent à une faible distance du mont Saint-Clair. Il ne faut pas oublier que l'isthme de sable que la ligne ferrée a mis à profit n'est, en revanche, doté d'aucun chemin public.

Une voie Decauville permanente, large de 50 centimètres, tantôt double, tantôt triple, rend du reste les communications très faciles d'un bout à l'autre de l'immense vignoble. Suivant la saison, les wagonnets charrient fumiers ou raisins, et quelques-uns d'entre eux, aménagés en petits tramways rustiques, transportent les employés, les ingénieurs ou les visiteurs. Grâce à un système fort ingénieux de plaques tournantes mobiles qu'on ajuste sur les rails fixes, et au moyen de rails volants perpendiculaires à ceux-ci, les chariots, pleins ou vides, peuvent être entraînés le long de la voie permanente jusqu'à la hauteur du plantier à desservir; puis, pivotant sur eux-mêmes par l'exécution de la manœuvre que chacun connaît, ils pénètrent au milieu même des rangs de souches pour déposer leur chargement d'engrais ou recevoir le contenu des seaux de vendange. De cette manière, le trajet moyen du « porteur » ne dépasse pas une quinzaine de mètres, et le temps que l'ouvrier perd à cheminer est réduit à son minimum. Tirés par les mules du domaine, ces trains en miniature pénètrent sous un hangar, et chaque véhicule se déverse latéralement dans une fosse placée en contre-bas de la voie. La chaîne à godets, sous l'impulsion d'une puissante machine à vapeur qui actionne tout le mécanisme, soulève les raisins jusqu'à la hauteur voulue. Il s'agit de les broyer, travail indispensable, mais difficile à réaliser complètement, tant est grande la résistance à l'écrasement de ces gros fruits parfaitement mûrs. Autrefois on avait recours à des cylindres tournant en sens inverse ; aujourd'hui les grappes sont entraînées dans l'intérieur d'une puissante turbine aérofoulante, animée d'une rotation très rapide ; sous l'impulsion de la force centrifuge l'écrasement des Picpouls et des Terrets-bourrets se produit en un clin d'œil. Les pellicules sont arrêtées dans leur chute par des toiles métalliques : on les recueille pour les soumettre à la presse. Le moût, purifié par un tamisage progressif, retombe en pluie et se déverse dans une rigole qui l'amène dans un bassin de débourbage. Ce bassin est placé à l'entrée de la cave ; un récipient voisin et de dimension identique recueille le jus qui dégoutte des pressoirs. Ayant ainsi subi un commencement de clarification, notre liquide sucré, encore un peu trouble, est ensuite injecté par des pompes mues par l'eau comprimée (1) dans les cylindres sulfureurs à l'intérieur desquels brûlent nuit et jour des mèches soufrées. De cette façon le futur vin blanc se trouve provisoirement à l'abri de toute fermentation anticipée et se dépouille un peu de sa nuance jaune foncé pour adopter, sous l'influence décolorante du gaz sulfureux une teinte suffisamment claire. Cette opération effectuée, deux petites pompes injectent le moût sulfuré dans des conduits en caoutchouc qui l'amènent dans le logement définitif où doit s'effectuer la transformation du sucre en alcool. La fermentation qu'a provisoirement entravée l'influence du gaz sulfureux s'établit

(1) Une conduite amène de Cette l'eau douce nécessaire à l'exploitation de l'usine et notamment l'eau destinée à l'alimentation de la machine à vapeur et des pompes hydrauliques.

en moyenne une trentaine d'heures après le passage du moût dans les cylindres sulfureux.

Il s'agit, à présent, de fouler le marc. On le déverse dans des paniers de presse cylindriques mobiles roulant sur des rails convenablement disposés ; tous les paniers, garnis de leurs charges, viennent s'aligner sur un même rang sous les compresseurs vis-à-vis des cuves. On fait agir une forte pression hydraulique, se traduisant au manomètre par 50 kilogrammes par centimètre carré, pendant une heure; puis, pendant une heure encore, l'on comprime avec une force double. Un jus écumeux filtre à travers les génératrices des cylindres, s'écoule dans des rigoles à ciel ouvert et vient se réunir dans le bassin dont nous avons parlé. Il va sans dire que le moût de seconde qualité se signale par son aspect trouble, par sa couleur plus prononcée et qu'il exige un méchage énergique. En avant des grillages, une mousse blanchâtre, d'aspect peu ragoûtant, bouillonne à la surface du courant. Ajoutons qu'à l'époque des vendanges les pressoirs ne s'arrêtent même pas durant la nuit.

La cave de Villeroy, qui n'était pas encore complètement garnie de foudres à l'époque où nous l'avons visitée pour la première fois, en 1890, contenait cependant 120 de ces superbes tonneaux, chacun d'une capacité de 280 hectolitres, ou peu s'en faut. Actuellement les trois travées sont complètement garnies d'une double rangée de foudres. On en compte 136 en tout, plus 6 demi-foudres de 150 hectolitres disposés au bout des six enfilades. Tout est si bien prévu que dans le cas où l'administration éprouverait l'agréable surprise d'une récolte trop abondante pour la contenance des foudres disponibles, elle utiliserait de vastes citernes en maçonnerie creusées sous les celliers et qui, en l'année exceptionnelle 1888, ont déjà servi à loger du vin.

Autrefois les marcs, enlevés du pressoir et encore chauds étaient transportés jusqu'à un petit atelier provisoire organisé en dehors des bâtiments principaux et cédés à un entrepreneur indépendant de la Compagnie des Salins. Au moyen d'une disposition empruntée à l'appareil de physique nommé *tourniquet hydraulique*, on les arrosait avec de l'eau qu'on avait déjà enrichie par le lavage des vieux marcs, puis avec de l'eau pure, et on obtenait une sorte de piquette (1). Le résidu final épuisé de la sorte était restitué à la Compagnie de Salins qui l'utilisait comme engrais.

A l'heure où nous écrivons ce petit livre, la Compagnie des Salins utilise elle-même ses marcs pressurés. Un ascenseur, installé dans le voisinage immédiat de batteries de presse, élève les marcs jusqu'au niveau supérieur d'une double rangée de cinq cuves séparées par des citernes de secours. Lorsqu'une cuve a été bourrée de marc, on l'injecte d'eau de lavage, préalablement chauffée à 25 degrés dans un serpentin. Le liquide tiède se déverse par un tuyau latéral, au milieu même de la cuve, et, après s'être imprégné des dernières matières solubles contenues dans les grappes écrasées, s'écoule non par le bas du récipient, mais par une rigole supérieure. Il est donc facile, grâce à cette disposition, de laver le marc une seconde fois, si besoin est. Les rigoles se dégorgent dans un cuvon, d'où l'eau édulcorée, guidée par des conduits souterrains, arrive jusque dans la distillerie extérieure à la cave.

(1) Pesant 3 degrés 1/2 environ. Les vins blancs de Villeroy ne pèsent pas moins de 10 degrés : aussi ont-ils été souvent recherchés par le commerce dans le taux de 35 francs (Picpouls) et 30 francs (Terrets-bourrets).

Deux mois ou deux mois et demi après la fin de la cueillette, lorsque surviennent les premiers froids, la fermentation du vin blanc est parfaite. Pour séparer le vin des lies qui se sont précipitées au fond des tonneaux, on procède à un soutirage général. Tous les récipients sont vidés et nettoyés : on renvoie dans le *conquet* le liquide limpide, ce qui permet, en mélangeant le contenu de plusieurs foudres, d'obtenir une parfaite homogénéité. Ensuite les pompes refoulent de nouveau dans les foudres le vin rendu uniforme. On compte pour chaque tonneau de 300 hectolitres, au premier soutirage, un déchet de 6 hectolitres de lies, lesquelles se vendent encore une dizaine de francs l'hectolitre.

Le personnel de la cave de Villeroy comprend un maître de chais et quatre ouvriers employés toute l'année, plus un mécanicien et un chauffeur chargés de veiller à l'entretien et à la propreté du matériel et de machines en dehors du temps des vendanges. Quand arrive ce moment critique, ils se succèdent dans le travail de jour et de nuit et dirigent alternativement la machine à vapeur de l'usine. Alors deux équipes de douze à treize hommes se relaient tour à tour sans interruption, veillant au mécanisme, chargeant et déchargeant les presses, soufrant les moûts, remplissant les foudres, rinçant les marcs.

V

NOUVEAUX PROCÉDÉS DE VINIFICATION

En règle absolue, les viticulteurs ne peuvent pas, ne veulent pas transformer ces vastes celliers, auxquels nous venons de consacrer quelques lignes, en laboratoires de chimie. Tel est l'avis des savants, des viticulteurs honorables et des consommateurs. Néanmoins, nous croyons pouvoir admettre, pour ce précepte, quelques exceptions bien négligeables par rapport à la grande majorité des cas. Ces exceptions peuvent être rapportées à trois catégories d'opérations.

Tout d'abord le plâtrage (1), pratiqué sans inconvénient aucun de toute antiquité, innocent en vertu même de la pratique séculaire qui l'a imposé, mais

(1) Voy. Antoine de Saporta, *la Chimie des vins*, Paris, 1889, pp. 82 et suiv. ; Armand Gautier, *Sophistication et analyse des vins*, 1891.

aujourd'hui proscrit (1) et remplacé dans bien des cas par le tartrage, qui, au point de vue chimique, produit à peu près les mêmes effets.

Puis le traitement des vins malades. De ce que l'homme bien portant se garde bien d'absorber arsenic, chloral ou quinine, il ne s'ensuit pas que ces drogues, inusitées avant la maladie, ne soient absolument nécessaires lorsqu'elle sévit. A quoi bon l'œnologie si elle se bornait à constater platoniquement l'excellence de vins parfaitement réussis ? De même la médecine, sauf la branche de l'hygiène, s'occupe beaucoup plus des malheureux qui souffrent que de ceux, heureusement plus nombreux, dont la santé est florissante.

Enfin l'amélioration des vins par les levures sélectionnées. Dans ce cas, la vendange reçoit bien un élément étranger, mais à dose infinitésimale, et, si la tentative échoue, aucun résultat nocif n'est à craindre.

Les deux premières questions n'offrent rien de bien nouveau et sont revenues bien des fois sur le tapis.

(1) Circulaire du garde des sceaux, ministre de la justice, aux procureurs généraux, relative au plâtrage des vins, du 27 juillet 1880, reproduite dans Armand Gautier, *Sophistication et analyse des vins*, 1891.

Aussi croyons-nous devoir passer immédiatement à la dernière, plus intéressante, par cela même que, née d'hier, elle est incomplètement vulgarisée.

FERMENTS. — Abandonné à lui-même dans certaines conditions de température, un liquide sucré peut *fermenter* en dégageant du gaz carbonique et se transforme en une solution alcoolique plus ou moins riche. Considéré en bloc, ce phénomène offre l'apparence et la netteté d'une réaction chimique. Néanmoins, les effets ainsi que les causes, examinés de près, en sont très complexes. En même temps que l'alcool et l'acide carbonique, il se produit, comme M. Pasteur l'a démontré le premier (1), de la glycérine en quantité très appréciable, de l'acide succinique à dose moindre, enfin, en proportions infimes, d'autres substances dont l'ensemble contribue à communiquer au vin, à la bière, au cidre, leur goût, leur parfum caractéristique, le bouquet en un mot, qui fera toujours discerner, au palais le moins exercé, le bordeaux du bourgogne, par exemple.

(1) Pasteur, *Etudes sur le vin.* Paris, 1866.

Personne n'ignore que le phénomène dont nous venons de parler est causé par des micro-organisme végétaux, des *levures*, qui s'assimilent le sucre et restituent l'alcool. Les savants ont également reconnu que cette fine poussière répandue sur le grain et à laquelle il doit cet aspect velouté caractéristique des grappes saines et mûres, renferme une grande variété de ces petits êtres; les uns agissent comme nous l'avons dit, mais avec une énergie, une promptitude très inégales, suivant l'espèce; d'autres produisent des effets différents, mais ne sont pas nuisibles; d'autres, s'ils prennent le dessus, provoquent dans le vin nouveau de fâcheuses maladies, comme le *Mycoderma aceti*, pour ne citer que celui-là, qui est la cause de l'acescence ou de l'aigrissement (1).

Parfois dans les vins qu'on laisse vieillir cinq ou six ans en tonneaux on trouve associé au *Mycoderma vini* et en diverses proportions le *Mycoderma aceti;* ce ferment consiste en chapelets (fig. 23) d'ar-

(1) Pasteur, *Etudes sur le vin*, 1866. — Macé, *les Substances alimentaires étudiées au microscope*, surtout au point de vue de leurs altérations et de leurs falsifications. Paris, 1891, p. 492 et planche XVII. — Gautier, *Sophistication et Analyse des vins*, 1891, p. 301.

ticles généralement un peu étranglés vers leur milieu, d'un diamètre variable suivant les conditions dans lesquelles le mycoderme s'est formé et mesurant dans son jeune âge 1,5 millième de millimètre. Le mycoderme âgé perd beaucoup de sa netteté originelle; il se présente au microscope sous l'aspect d'un amas de granulations n'ayant plus la disposition en chapelets (fig. 23). Ces cellules se développent sur les parties découvertes des tonneaux en vidange et sont essentiellement aérobies. Le *Mycoderma aceti* transforme l'alcool en acide acétique. (Armand Gautier.)

D'où provient la supériorité de tel cru, de tel cépage, par rapport à tel autre produit d'un sol ou d'une variété de raisins presque identiques? Autrefois on croyait qu'il s'agissait simplement d'une question de chance ou de hasard. La science moderne est plus ambitieuse; elle croit pouvoir expliquer ce fait par une cause bien simple. Les vins de choix, dit-elle, doivent leur qualité à l'heureux équilibre qui s'établit entre les micro-organismes au moment de la fermentation : absence d'agents nuisibles, faible développement des organismes à action neutre, envahissement général par les bonnes levures qui ont rencontré des circonstances favorables.

Prenez une levure de cette dernière catégorie, isolez-la en la fortifiant par une culture rationnelle et, au moment voulu, après l'avoir conservée d'une année à l'autre, toutes opérations qui n'offrent aucune difficulté, projetez-la sur une quantité raisonnable de vendange fraîche. La levure adulte, plus vigoureuse, mieux nourrie, prendra le dessus et se propagera, tout en s'opposant au développement des spores de levure naturelles au raisin sur lequel on opère et qui n'ont pas eu le temps de se développer. On peut même, pour plus de précaution, *stériliser* à l'avance le moût qu'on ajoute à la levure de façon à détruire tous les germes, quelle que soit leur nature. Si l'on a opéré rationnellement, on aura ensemencé un assez fort volume de liquide, qui, ajouté à une nouvelle proportion de vendange, la transformera, comme il a été transformé lui-même, et ainsi de de suite. Ainsi obtenu par l'influence presque exclusive d'un agent adroit et zélé, le vin gagnera en alcool et en qualité.

Mais on peut faire mieux. Puisque, dans les bons

crus, la nature s'est chargée elle-même de combiner avantageusement les efforts d'un ou de plusieurs micro-organismes, il suffirait en théorie de choisir dans une cave renommée de la levure, d'en interrompre l'évolution, puis, l'année suivante, de la ranimer, de lui

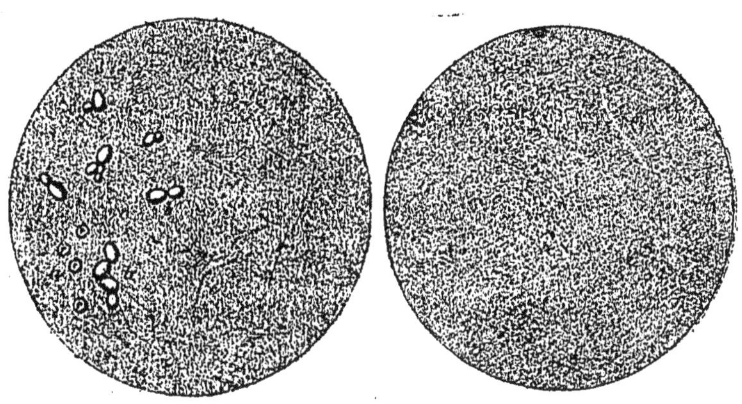

Fig. 23. — *Ferments alcooliques et ferments de maladie* (1).

Fig. 24. — *Mycoderma aceti.* La fermentation est achevée.

rendre vigueur et activité, et enfin de l'ajouter à un moût bien frais, fournissant spontanément une boisson médiocre, pour lui voir prendre franchement le

(1) *a* Ferment alcoolique. — *b Mycoderma vini.* — *c Mycoderma aceti*, jeune. — *d Mycoderma* âgé, 400/1 (fig. empruntée à la *Notice sur les instruments de précision*, de Sallero).

dessus et, par son influence bienfaisante, produire, après cuvage, un vin très amélioré.

Les fermentations, ainsi réalisées, gagnent encore sensiblement en promptitude et netteté, ce qui a bien son avantage.

Emploi pratique des levures artificielles. — Une certaine affinité entre le moût à traiter et la levure ajoutée est indispensable. On aura beau, avec toutes les précautions voulues, additionner du jus d'Aramon de la plaine de Lunel de levure de Chambertin ou de Château-Margaux, on ne transformera point ces vins assez plats en grands crus. On n'obtiendra de résultats qu'en opérant avec des levures sélectionnées dans des vins analogues, de bonne tenue, originaires de la région. Par exemple, peut-être pourra-t-on perfectionner par cette voie les vins blancs des Charentes, grâce à de la levure recueillie à Cognac, de façon à extraire de ces vins une eau-de-vie se rapprochant de la *fine Champagne* (1).

A Montpellier, M. Bouffard, le professeur d'œnolo-

(1) Voy. Baudoin, *les Eaux-de-vie et la fabrication du cognac* (Bibliothèque des Connaissances utiles).

gie de l'école d'agriculture, n'a obtenu aucune amélioration sensible avec des semences venues du Bordelais. La différence, quoique peu sensible, s'est manifestée à la longue lorsqu'il a opéré avec des levures de Beaujolais et de Bourgogne. Or les vins de Montpellier ne sont assimilables ni à ceux de Bordeaux ni à ceux de Bourgogne ou de Beaujolais ; mais, par leur nature, ils s'éloigneraient moins des deux derniers crus que du premier, et partant, la faible divergence observée s'expliquerait très bien. Souvent, du reste, l'amélioration ne se manifeste qu'au bout de plusieurs mois.

D'autres propriétaires du Midi ont obtenu de très bons résultats, sur plusieurs milliers d'hectolitres, avec de la levure elliptique de Bourgogne. Le *Saccharomyces ellipsoïdeus*, bien sélectionné, s'est comporté dans les caves comme dans les laboratoires de MM. Martinand et Rietsch à Marseille ; il s'est montré un agent de fermentation extrêmement actif, amenant une prompte clarification et engendrant un produit franc et net. Ce n'est pas tout : comme, depuis peu d'années, dans beaucoup de celliers, les viticulteurs traitent leurs raisins d'Aramon en vue d'obtenir des vins blancs ou rosés, qui sont très demandés, on a voulu tenter l'expérience de l'amélioration par les levures de Chablis, et l'on a réussi, tout en échouant avec les levures de Champagne.

Citons encore une expérience très curieuse qu'un témoin digne de foi a exposée au Congrès viticole de Montpellier. Il s'agit d'un cépage américain producteur direct qui, malgré sa résistance suffisante au phylloxera, sa bonne tenue contre le *mildew* et sa production passable, est aujourd'hui presque abandonné. Nous voulons parler du *Noah*, qui porte des raisins blancs bons à faire une boisson alcoolique, mais trouble et « foxée ». Par l'addition d'une bonne levure de Sauterne, on a transformé le vin de *Noah* en un vin sec, limpide et fort agréable.

A défaut de changements sensibles dans le goût, on a obtenu, d'autres fois, ce qui n'est pas moins important pour le commerce, une élévation sensible du titre alcoolique (jusqu'à un degré et demi dans certains cas, d'après M. Kayser). Or cet avantage persiste, tandis qu'il paraît bien prouvé, dans certains cas, que le bouquet artificiellement obtenu s'évanouit avec le temps, et il serait téméraire d'affirmer qu'il puisse reparaître.

A ces théories si séduisantes, à ces tentatives presque toujours heureuses, des agronomes du Bordelais sont venus opposer des résultats nuls, voire même négatifs, obtenus cependant dans des conditions théoriques irréprochables. Il est évident que, de l'aveu de ses partisans les plus chauds, la question n'est pas encore mûre.

Néanmoins la majorité des viticulteurs n'a pas méconnu son importance, tous arguments pesés. En somme, il paraît que des essais ultérieurs, non pas en petit dans les laboratoires, — on en a suffisamment fait, — mais en grand dans les celliers, doivent être poursuivis et encouragés. Il est impossible de voir l'ombre d'une fraude quelconque dans une pratique consistant à mélanger dans des centaines de muids quelques litres d'un jus sucré de même composition provenant d'un moût naturel. Consommateurs, négociants, producteurs, tout le monde s'en trouvera bien en cas de réussite, et, en cas d'échec, aucun dommage n'est à craindre. Ce qui est à redouter, c'est que des industriels peu scrupuleux et mal initiés aux délicates opérations des laboratoires de microbiologie n'accaparent cette nouvelle branche d'industrie et ne débitent fort cher des liquides de fantaisie. Il faut que les moûts ensemencés, puis stérilisés, proviennent uniquement de laboratoires officiels établis à Paris et, en province, dans les principaux départements viticoles, dirigés ou au moins surveillés par des savants de profession, habiles et désintéressés.

En attendant, ne peut-on s'approcher du même but par des moyens plus simples et à la portée de chacun? Sans doute et peut-être que certains tours de main assez anciens dérivent d'observations empiriques justifiées par les théories modernes. Tantôt on se sert des lies sèches d'un cru renommé pour ensemencer les moûts d'un cru médiocre. Ou bien le propriétaire ramasse soigneusement un petit nombre de ses meilleurs raisins mûrs à point et les écrase ; il laisse la fermentation commencer et, une fois qu'elle est en train, il arrose sa vendange avec le moût sélectionné, en procédant graduellement. Dans ce cas, il est bon de cueillir des fruits très sains abrités contre la poussière des routes, et de tremper, avant le foulage, les grappes dans l'eau pour éliminer certaines bactéries nuisibles à l'évolution des germes. Le possesseur de crus très inégaux ramassera d'abord ses raisins de coteaux, puis, une fois la fermentation bien allumée, il mélangera successivement avec des raisins de plaine, dont le jus subira alors une sorte d'entraînement très favorable.

Dans les caves où l'on opère encore par les anciennes méthodes, l'aération pure et simple facilite la multiplication des bonnes levures, à la condition qu'on insuffle dans le moût de l'air pur exempt de germes et non un fluide saturé de ferments acétiques provenant de pressoirs mal tenus. D'autre part, la théorie fait ressortir l'influence favorable du rôle du *chapeau* lorsqu'on force celui-ci à plonger dans la cuve, au lieu de le laisser nager à la surface libre. Déjà, dans le nouveau matériel vinaire, certains dispositifs, des filets convenablement placés, par exemple, ont pour but d'obtenir l'immersion complète du chapeau dans le liquide bouillonnant.

Puisque nous terminons ce travail par quelques mots relatifs à la microbiologie, on nous permettra une remarque. Il est absolument démontré que les raisins secs, pour si bien conservés qu'ils soient, une fois additionnés d'eau, ne fermentent pas comme le moût frais et que le phénomène est troublé par des semences de mauvaise nature engendrées par un commencement d'altération (1). Donc le vin qui en résulte ne saurait être assimilable au jus de raisins récemment cueillis. Quoique évidente par elle-même et reconnue par la loi, cette vérité avait besoin d'être confirmée par des microbiologistes impartiaux dans la question. Nous irons plus loin. On devra se méfier pour une raison analogue, des vins obtenus en grand chez des industriels, au moyen de raisins frais achetés au loin, puis transportés : outre que cette manipulation favorise la fraude, elle ne saurait engendrer, même loyalement pratiquée, une boisson salubre et de bonne conservation.

Ce qu'il faut encourager à tout prix, c'est la production du pur jus de raisins cueillis, puis immédiatement écrasés sur place, c'est la vinification loyale, telle qu'elle est pratiquée de temps immémorial par les grands propriétaires et les petits vignerons français. Afin d'arriver à ce but, il n'existe qu'un moyen, et ce moyen, quoi qu'en disent les théoriciens ou les intéressés, c'est une protection éclairée et raisonnable.

(1) Voy. Cambon, *le Vin et l'art de la vinification* (Bibliothèque des Connaissances utiles), 1892, p. 174.

CONCLUSION

Terminons cette rapide ébauche en notant, comme dernier trait, l'impression définitive et réfléchie qui reste dans l'esprit du visiteur à la suite d'un coup d'œil jeté sur ces immenses vignobles, sur ces vastes constructions.

Il convient d'abord de faire de sérieuses réserves au point de vue artistique et pittoresque. Ni la région en elle-même, ni la culture, ni l'aspect des celliers, ni le travail qui s'y accomplit, n'ont rien d'attrayant pour le touriste superficiel. Mais nous croyons que le savant, l'agronome, l'économiste ou simplement le propriétaire curieux de s'instruire, éprouveront un sentiment différent et favorable à l'institution des grands domaines.

Les uns retiendront avec intérêt les explications qu'on leur aura fournies sur le défrichement de ces terres marécageuses de Marsillargues, de ces flèches littorales sablonneuses réputées stériles autrefois. Ils apprendront avec curiosité comment l'art de l'ingénieur est venu à bout d'en tirer le meilleur parti possible, en luttant sans relâche soit contre l'eau, soit contre la sécheresse, soit contre l'invasion du sel. L'installation des caves, pressoirs et foudres ne mérite pas moins d'être louée sans réserve. On a beau, sur les bords de la Méditerranée, viser avant tout à produire beaucoup de liquide, il est certain qu'à force de soins intelligents et réguliers, secondés par une propreté minutieuse, l'art de faire le vin a été révolutionné. Là où jadis la vigne ne se cultivait même pas ou ne donnait que des produits de dernier ordre, on récolte maintenant et on livre au commerce des boissons salubres de qualité passable et à bon marché, ou, comme dans les sables, des liquides choisis susceptibles d'occuper, comme vins d'ordinaire, une place avantageuse.

Les spécialistes feront ressortir mieux que nous l'heureuse influence que d'immenses plantiers peuvent exercer à la longue sur le climat du littoral, climat médiocrement sain par lui-même, dans le voisinage immédiat des étangs. Conformément aux théories de M. Lenthéric (1), les côtes du golfe de Lion, très sa-

(1) Lenthéric, *les Villes mortes du golfe de Lyon* : Illiberris, Ruscino, Narbon, Agde, Maguelonne, Aiguesmortes, Arles, les Saintes-Maries.

lubres dans l'antiquité, devinrent malsaines au début de l'époque moderne et, depuis quelques années, paraissent tendre à se purifier par assèchement. Il est certain que le travail de l'homme secondera puissamment à cet égard l'œuvre de la nature.

En se plaçant à un point de vue tout différent, les grands domaines rendront service, comme champs d'expérience, aux viticulteurs d'un rang plus modeste. Puisque ceux-là disposent de capitaux considérables, ils sont en mesure, le cas échéant, de tenter, sans courir beaucoup de risques, des méthodes nouvelles ou de réaliser des perfectionnements dont les derniers profiteront ensuite. Déjà, plus d'un vieux préjugé a été dissipé, plus d'un vieil abus déraciné, grâce à l'exemple des exploitations de premier ordre.

Il est évident que l'ouvrier agricole, quoiqu'il y soit traité avec sollicitude au point de vue physique, se trouve moins bien du séjour de ces vastes caravansérails que de celui d'une ferme ordinaire. Son sort, au fond, est bien préférable cependant à la destinée d'un ouvrier de fabrique ; il reste travailleur de terre, et rien même ne l'empêche, une fois son petit pécule amassé, d'entreprendre, dans des conditions plus agréables, le métier de viticulteur soit pour le compte d'autrui, soit pour le sien propre. Au sein des grandes fermes, employant dix, quinze ou vingt valets, il règne et doit régner une stricte discipline dont l'esprit d'indépendance de plus d'un Méridional ne saurait s'accommoder. On est obligé de compenser cet inconvénient en offrant des gages plus élevés. Inversement, plus d'un jeune homme se résignera à gagner un salaire quelque peu inférieur en se louant dans une exploitation de second ordre où le régime est plus paternel et où l'initiative individuelle trouve encore à s'exercer un peu.

Dans le bas Languedoc, rarement les valets de ferme sont des enfants du pays; le manque de bras oblige les propriétaires à recruter leur personnel au moyen d'émigrants descendus des hautes vallées cévenoles ou du département de l'Aveyron (1). Il se produit ainsi un continuel drainage de population, imputable en

(1) A parité de mérite, de vigueur ou d'intelligence, on choisit toujours le valet né sur le versant méditerranéen, de préférence aux campagnards de Millau ou de Mende. Ces derniers, en effet, accoutumés à conduire des attelages de bœufs, ne dirigent qu'imparfaitement les lourdes charrettes languedociennes traînées par des mules.

majeure partie à l'institution des grandes propriétés de la côte languedocienne. La Lozère, les arrondissements d'Alais, du Vigan, de Lodève, de Saint-Pons, les cantons de l'arrondissement de Montpellier, situés au nord de cette ville, voient sans cesse diminuer le nombre de leurs habitants au profit du plat pays. Seul l'Aveyron, à cause de sa forte natalité, ne faiblit pas trop, malgré l'énorme courant d'hommes qu'il déverse sur Montpellier et Béziers (1). Assurément, personne n'osera soutenir que ce phénomène soit heureux ou rassurant pour l'avenir des hautes régions ; néanmoins, il nous semble qu'un pareil dépeuplement offre un peu moins d'inconvénients lorsqu'il s'exerce

(1) Un exemple particulier éclaircira ce que nous venons de dire. En octobre 1893, d'après des renseignements qu'on a bien voulu nous transmettre, le personnel de Guilhermain comprenait : 1 *paire* né à Montpellier ; 4 charretiers dont 2 de l'Hérault, 1 du Gard, 1 de Vaucluse ; 4 charretons dont 2 de l'Hérault, 1 des Pyrénées-Orientales, 1 de l'Aveyron ; 19 soubriers ou valets à tout faire, parmi lesquels 7 de l'Hérault, 5 de l'Aveyron, 2 du Gard, 2 du Tarn, 2 de la Lozère ; un berger né dans le Gard ; 1 charron et 1 apprenti, l'un de l'Aveyron, l'autre de l'Hérault, un maréchal aveyronnais. Pour mémoire, le jardinier et son aide, originaires tous deux de Montpellier. Enfin, seuls le palefrenier et l'aide-maréchal, venus l'un de l'Allier, l'autre de la Seine-Inférieure, représentaient le centre et le nord de la France dans cette agglomération d'ouvriers agricoles.

à l'avantage de l'agriculture, même à tendance industrielle, que quand il s'opère au bénéfice des grandes villes ou de l'étranger.

Notre siècle, avant la fin de sa course, a été baptisé par anticipation le siècle de l'industrie (on pourrait mieux dire : des industries). Nous avons essayé d'en décrire une qui ne présente pas au même degré les inconvénients de tant d'autres, et nous aurions pu ajouter que les grandes exploitations agricoles du terroir de Montpellier se sont créées, en général, aux dépens de surfaces incultes ou peu productives. Elles n'ont, en aucune façon, ainsi qu'il est arrivé pour d'autres branches de fabrication, nui à l'établissement ou au succès de propriétés vigneronnes moins importantes, et le petit cultivateur lui-même peut toujours, par un travail intelligent, prospérer comme autrefois.

FIN

TABLE DES MATIÈRES

PREMIÈRE PARTIE. LA VIGNE

I. *L'Exploitation des vignobles languedociens. — La région des grands domaines. — Le phylloxera dans l'Hérault* 9

Régime d'exploitation des propriétés du bas Languedoc, 9. — La région des grands domaines avant le phylloxera, 14. — Le phylloxera, 15.

II. *Les submersions de Marsillargues* 21

Destruction du phylloxera par l'inondation, 21. — Le personnel des domaines de Marsillargues employés à demeure, 29. — Journaliers, 33. — Conditions économiques de la région de Marsillargues, 36.

III. *Les vignobles des sables* 43

Immunité phylloxérique des sables, 43. — Les dunes du bas Languedoc, 46. — Utilisation viticole des sables, 48. — Les vignobles des salins du Midi, 53.

IV. *Les cépages américains. Greffe et chlorose* 57

Immunité phylloxérique des vignes d'Amérique, 59. — Producteurs directs, 61. — La greffe sur Riparia, 68. — Le Rupestris et les porte-greffes en général, 76. — La chlorose des vignes greffées, 80. — Influence du calcaire sur la chlorose, 86. — Remèdes proposés pour guérir la chlorose, 91. — Vignes américaines résistantes à la chlorose, 95.

V. *Les vignobles de la plaine de Montpellier* 105
Coup d'œil sur le domaine de Guilhermain, 107. — Personnel du domaine, 112.

VI. *La culture de la vigne. Conditions actuelles*. . . . 115
Greffes et fumures, 115. — Situation économique des vignobles du Midi, 122. — Maladies de la vigne, 125.

SECONDE PARTIE. LE VIN

I. *Vendanges et vendangeurs*. 138
Les vendangeurs dans la région de Montpellier, 139. — Cueillette et transport des raisins, 142.

II. *Les anciennes caves du midi de la France*. 144
La vinification primitive, 144. — Les foudres, 147.

III. *Les grands celliers actuels. Vins rouges*. 149
Celliers et foudres, 149. — Cuvages, vinification, pressoirs, 160.

IV. *Les grands celliers actuels. Vins blancs* 175
Caves de Villeroy, 175.

V. *Nouveaux procédés de vinification*. 183
Ferments, 185. — Emploi pratique des levures artificielles, 190. — Conclusion, 197.

FIN DE LA TABLE DES MATIÈRES

TABLE ALPHABÉTIQUE

Alicante Bouschet, 108.
Altica ampelophaga, 131.
Altise, 131.
Américaines (Vignes), résistantes à la chlorose, 95.
Amérique (Vignes d'). Immunité phylloxérique des —, 59.
Antrachnose, 127.
Aramon, 39 ; Aramon × Rupestris, 102.
Aubun, variété vauclusienne, 83.

Berlandieri (vitis), 85.
Blackrot, 127.
Bouschet (Petit), 39 ; Alicante, 108.
Brousse (La), domaine près de Montpellier. Vinage à —, 164.

Calcaire. Influence du — sur la chlorose, 86.
Calcimètre de Bernard, 88.
Californie (Maladie de), 128.
Carbonate potassique, 121.
Carignane (La), 83.
Cave Hardon, 172.
Caves (les anciennes) du Midi, 144 ; — de Tamariguière, 153.
Cellier de Jarras, 157 ; — de Vrégille, 173.
Celliers actuels : vins rouges, 149 ; vins blancs, 175.
Cépages américains, 57.
Chlorose des vignes greffées, 80 ; influence du calcaire sur la —, 86 ; remèdes proposés pour guérir la —, 91 ; vignes américaines résistantes à la —, 95.
Clairette (Vigne), 83, 96.
Cottis, 80.
Cueillette des raisins dans la région de Montpellier, 142.
Cuvages, 160.

Ecrivain, 132.
Engrais sans azote, 120 ; phosphorés, 121.
Espar (L'), 83.
Eumolpis vitis, 132.

Ferments, 184.
Foudre de la compagnie des Salins du Midi, 149.
Foudres (Les), 147.
Fumures, 118 ; — azotées, 121 ; — phosphorées, 121.

Galles, 17.
Gamay Couderc, 101.
Greffe sur Riparia, 69.
Greffes et fumures, 115.
Gribouri, 132.
Guilhermain (Domaine de), 107 ; vendanges à —, 140 ; celliers de —, 153 ; cuvages à —, 160.

Jacquez (Le), 62-63.
Jaunisse des vignes, 80.
Languedoc (Bas). Dunes du —, 46.
Languedoc. Vinifications primitive dans le —, 144.

Levures sélectionnées. Amélioration des vins par les —, 184; emploi pratique des — artificielles, 190.

Maladie de Californie, 128.
Maladies de la vigne, 125.
Marcs pressurés. Utilisation des —, 181.
Mildew, 126.
Morvèdre, 102.
Mycoderma vini et Mycoderma aceti, 186.

Noah, 192.

Oenophthira pilleriana, 129.
Oïdium, 125.

Pal servant à l'injection du sulfure de carbone, 135.
Peronospora viticola, 126.
Phylloxera, 15.
Phosphorique (acide), 121.
Picpoul (Le), 54.
Plâtrage des vins, 183.
Pompes mobiles, 170.
Potasse (Engrais), 121.
Pressoirs, 169.
Pyrale, 129.

Raisins. Cuillette et transport des —, 142.
Raisins secs, 195.
Riparia (Le), 67.
Rupestris (Le), 76.

Sables (Les). Immunité phylloxérique des —, 43; utilisation viticole des —, 48.
Saccharomyces ellipsoïdeus, 191
Salins du Midi. Les vignobles des —, 53; celliers de la Compagnie des —, 150.
Stérilisation du moût, 188.
Sulfate de cuivre contre le mildew, 127.
Sulfure de carbone, 134; traitement d'une vigne phylloxérée par le —, 136.

Tamariguière. Vendanges à —, 139; cuvage à —, 161, 166.
Terret-Bourret (Le), 54.

Vigne. Maladies de la —, 125.
Vignes d'Amérique. Immunité phylloxérique des —, 59.
Vignes greffées. Chlorose des —, 81.
Vignobles. Situation économique des —, 123.
Villeroy (Domaine de), 53; celliers et foudres du, 151, 169; caves de —, 175.
Vinification primitive du Midi, 144.
Vins. Amélioration des — par les levures sélectionnées, 184.
Vins malades. Traitement des —, 184.
Vitis rupestris, 77; — Berlandieri, 85.

York-Madeira, 103.

FIN DE LA TABLE ALPHABÉTIQUE

Tours. — Imp. E. Arrault et Cie, 6, rue de la Préfecture.

Les Ennemis de la Vigne

ET LES MOYENS DE LES COMBATTRE

Par ELIE DUSSUC

Diplômé et médaillé de l'Ecole Nationale d'Agriculture de Grignon
Ex-Stagiaire au Laboratoire de Viticulture de l'École de Montpellier

Ouvrage couronné par la Société des Agriculteurs de France en 1893

Avec 140 figures intercalées dans le texte, cart. . . . . 4 fr.
1894, 1 vol. in-18, 368 pages

Insectes nuisibles à la vigne : descriptions et mœurs ; dégâts ; moyens de destruction. — Maladies cryptogamiques de la vigne : caractères des maladies ; moyens de les combattre. — Altérations organiques de la vigne.

La Pratique de la Viticulture

ADAPTATION DES CÉPAGES AMÉRICAINS AUX VIGNOBLES FRANÇAIS.

Par Mme la duchesse de FITZ-JAMES

1894, 1 vol. in-18 jésus, 350 pages avec fig., cart. . . 4 fr.

Les Maladies de la Vigne

ET LES MEILLEURS CÉPAGES FRANÇAIS ET AMÉRICAINS

Par JULES BEL

1 vol. in-18 de 320 pages avec 111 figures, cart. . . . 4 fr.

PREMIÈRE PARTIE. — **Les maladies de la vigne.**

I. Maladies cryptogamiques : Oïdium. — Peronospora ou Mildiou. — Anthracnose. — Black Rot. — Coniothyrium ou Rot blanc. — Pourridié. — Mélanose. — Cottis. — II. Maladies causées par les insectes : Hannetons. — Charançons. — Chrysomèle rouge à corselet noir. — Chrysomèle de l'Orme. — Gribouri ou Eumolpe de la vigne. — Altise de la vigne. — Grand rongeur de la vigne. — Criquet voyageur. — Cochenilles. — Bombyx, Ecailles à queue d'or. — Livrée et Bombyx du pin. — Agrotis ou Noctuelle. — Pyrale. — Teigne de la vigne, Cochylis. — Caloris. — Phylloxera. — Procédés pour combattre le Phylloxera. — III. Maladies causées par les arachnides et les mollusques : Erineum. — Escargot des vignes. — Limace rouge. — IV. Maladies et accidents : Chlorose. — Broussin. — Gelée. — Grêle. — Vents violents. — Coulure. — Millerandage. — Echaudage. — Pourriture du raisin.

DEUXIÈME PARTIE. — **Les terrains favorables à la culture de la vigne.**

I. Adaptation et acclimatation. — II. Analyse des terrains arables. — III. Principaux terrains et cépages à y adapter.

TROISIÈME PARTIE. — **Les principaux cépages.**

I. Vignes américaines (60 cépages). — II. Vignes françaises (87 cépages).

BAUDOIN. **Les Eaux-de-vie et la Fabrication du cognac**, par A. BAUDOIN, directeur du Laboratoire de chimie agricole et industrielle de Cognac. 1893, 1 vol. in-18 de 278 pages, avec 39 figures, cartonné . . . . 4 fr.

Les eaux-de-vie. — L'eau-de-vie dans les Charentes. — La distillation. — Composition et vieillissement de l'eau-de-vie. — Analyse des vins et des eaux-de-vie. — Maladies, altérations et falsifications. — Manipulations commerciales. — Pesage métrique des eaux-de-vie. — Table de mouillage. — Visite dans une maison de commerce. — Usages. — Les eaux-de-vie devant la loi, le fisc et les tribunaux.

BRÉVANS (J.-M.). **La Fabrication des liqueurs et des conserves**, par J.-M. DE BRÉVANS, chimiste principal du Laboratoire municipal de la ville de Paris. Préface par Ch. GIRARD, directeur du Laboratoire municipal. 1890, 1 vol. in-18 de 384 pages, avec 93 figures, cartonné . . . . 4 fr.

CAMBON (V.). **Le Vin et l'Art de la vinification**, par V. CAMBON, ingénieur des arts et manufactures, vice-président de la Société de viticulture de Lyon. 1892, 1 vol. in-18. de 324 pages, avec 75 figures, cartonné. . . . . 4 fr.

Le raisin et le moût, la fermentation, la vinification, composition et analyse du vin, vinifications spéciales, maladies des vins, altérations et sophistications des vins, l'outillage vinaire, production du vin dans le monde, achat, livraison et transport du vin, etc.

DUJARDIN (JULES). **L'Essai commercial des vins**, par Jules DUJARDIN, ingénieur des arts et manufactures, 1892, 1 vol. in-18 de 368 pages, avec 166 figures, cartonné . 4 fr.

Examen des raisins. — Essai du moût. — Dosage de l'alcool, de l'extrait sec des cendres, du sucre, du tanin, de la glycérine, etc. — Recherche du vin de raisins secs, du plâtre, de l'acide salicylique, de la saccharine, des colorants, etc. — Examen microscopique des vins malades. — Analyse et essai des vinaigres.

GAUTIER (ARMAND). **Sophistication et Analyse des vins**, par Armand GAUTIER, membre de l'Institut, professeur de chimie à la Faculté de médecine. 4e édit., 1891, 1 vol. in-18 jésus, 356 pages, avec 4 planches noires et figures dans le texte, cartonné. . . . . 6 fr.

MONAVON (MARIUS). **La Coloration artificielle des vins**, par M. MONAVON, 1890, 1 vol. in-16 de 160 pages avec fig. (*Petite bibliothèque scientifique*) . . . . 2 fr.

MONTILLOT (LOUIS). **Les Insectes nuisibles** aux forêts, aux céréales et à la grande culture, à la vigne, au verger, au jardin fruitier, au potager et au jardin d'ornement, par Louis MONTILLOT, 1891, 1 vol. in-18 de 306 pages, avec 156 fig., cart. (*Bibliothèque scientifique contemp.*) 4 fr.

SAPORTA (ANTOINE DE). **La Chimie des vins, les Vins manipulés et falsifiés**, par A. DE SAPORTA. 1 vol. in-16 de 160 pages avec fig. (*Petite bibliothèque scientifique*) . 2 fr.

www.ingramcontent.com/pod-product-compliance
Ingram Content Group UK Ltd.
Pitfield, Milton Keynes, MK11 3LW, UK
UKHW021054230726
13926UKWH00004B/1837

9 782016 172582